NF文庫
ノンフィクション

奇蹟の軍馬 勝山号

日中戦争から生還を果たした波瀾の生涯

小玉克幸

潮書房光人新社

はじめに

今から八〇年ほど前の「支那事変」（日中戦争）時代のことである。一頭の馬の名前が全国に響きわたっていた。その名は勝山号。中国戦線での砲火をくぐり抜けてきた軍馬として、子どもたちから大人まで多くの人たちにその名前が鮮明に記憶されていた時期があった。

近代以降、一頭の馬がこれほど有名になったのは、きわめて稀なことであった。

昭和の戦争でも、軍馬たちは大いに貢献した。支那事変と当時呼ばれていた戦争の全面化（一九三七年）以降だけでも、戦場へと徴発された数は一五〇万頭に達するという説もある。その軍馬たちの中で、戦功を上げ、美談として注目された馬は少なからず存在していた。ただ勝山号を凌駕するほど多くの国民に知られた軍馬は、存在していないだろう。

なぜ一頭の馬がかくも注目を集めたのか。その後いかなる運命をたどったのか。本書はそれをたどった一冊である。

勝山号は一九三三（昭和八）年一〇月に岩手県北部の九戸郡軽米町で生まれた。本名は第三ランタン号という。一歳半で同県江刺郡岩谷堂町の伊藤新三郎によって買われ、県南の岩谷堂町にやってきた。農耕馬として江刺の地で成長したのである。

一九三七年九月、中国大陸に渡ったのは支那事変の軍馬になったからである。中国戦線の激戦地、著名な部隊長を乗せての日々。多くの将兵と戦場を駆け抜け、何度も負傷を繰り返した。昭和八年生まれということは、人間でいえば昭和一ケタ。まさしく戦中派の世代である。

この馬の運命を決定的に変えたのは、一九三九年一〇月に畑俊六陸軍大臣名の「軍馬功甲章」授章であった。この「馬の」勲章は大いなる栄誉だった。人間ならば金鵄勲章（武功抜群の陸海軍軍人に下賜された勲章。一八九〇年制定。一九四七年廃止）に匹敵するものといえよう。

ただしこの勲章を授けられた馬はかなり多く存在している。勝山号の場合は、この勲章を受章した後に内地に帰還できたのである。その事実こそ決定的に重要だった。

この馬の帰還後の日々について、最も熱心に報道したのは、東京朝日新聞である。その背景には、いわば軍馬のシンボル的な存在として勝山号を戦時下に報道せねばならない事情が存在していた。

その記事によって、読者たちは老いも若きもこの馬の名前を記憶していった。何度も報道されたことは、勝山号の所属部隊の独自性も関わっている。首都東京とその近郊の兵士で編成され、中国戦線の激戦地を転戦してきた部隊である。読者の注目度も高かった。

さらに勝山号の歴代の主人は著名な部隊長であった。壮絶な戦死によって軍神として崇め奉られた者もいた。勝山号は荷物を背負ったり、荷車を曳いたりする馬ではない。戦時中の隠語でこそ「部隊長」だが、軍の基本単位として一般兵士からは最上級の存在であった連隊長（大佐）を主人としていた馬だからこそ、脚光を集めやすい条件を兼ね備えていた。

勝山号。昭和14年、戦地で

この馬に乗って奮戦した部隊長の存在があって、奇跡的に生還を果たしたこの馬はさらに人びとの関心を集めることになった。馬だけの栄誉ではない。馬が脚光を浴びた背景として、幾多の部隊長や兵士の存在を忘れられない。

その意味でも、新聞の熱心な取材と国民の反響は容易に想像できよう。著名な「部隊長」は国民皆兵の将兵等とともに激戦地で奮闘したのである。また、戦場での勝利を願って必死に労働や奉公に励んでいたのが銃後における庶民だった。農村では馬とともに日々を過ごす人も多かった。勝山号はそれらの人びとをつなぎとめる存在として、人びとの記憶に刻み込まれたといえまいか。

戦後に状況は一変する。戦時中には聖戦であるといって国民を鼓舞してきた人たちも含めて、手のひらを返したように、軍国主義への反発を強め、軍人への拒否感を持つというタイプの人が増えてきた。戦後の日本は、二度と戦争の当事国にならないという決意で歩んできた。

馬をめぐる環境自体も急速に変貌していく。戦後初期までは農村では農耕馬の存在が大きかったけれども、戦後一五年、二〇年が経過した時点では、農村でも馬の数はすっかり激減していた。現在では、農耕馬として飼われている馬はきわめて例外的な存在である。かつて馬が担っていた役割は、耕耘機・トラクターへ、自動車へとはるか昔にバトンタッチしている。農業が主要産業であった戦前期とは違って、農業人口の激減も戦後史の顕著な特徴だった。

軍馬への関心という点についていえば、映画や当時のニュース映像で現在も見ることは容易だ。その一方で、リアルタイムで見てきた人の存在は着実に減っている。軍馬を戦場へ送り出したというエピソードなど、遠い昔の話として受けとめる人も多いのではないだろうか。

それでも勝山号の記憶は人びとから完全に消え去った訳ではない。江刺の墓前を訪れる人々は長らく絶えなかった。戦後もメディアで報道されてきた影響もあるだろう。

私は後に勝山号となる第三ランタンタン号を購入した馬主伊藤新三郎の曾孫（ひまご）である。この馬の存在は幼い頃から身近であり続けてきた。この生い立ちゆえに、約二〇年間この馬の軌跡を探究してきた。さいわい一族しか知り得ない生活の中の生きた情報に依拠することで本書の執筆は可能になった。

伊藤新三郎。大正時代は巡査だった。ランタンタン号を買ったころは司法書士（代書人）に転じていた

同時に私はささやかではあるが世界の機甲部隊を研究してきた蓄積を持っている。故に軍馬という問題を馬以外の軍事史的視点で見ようと心がけてきた。それに旧軍関係の一次資料や文献を地道に探索することの重要性も自覚しているので、本書でも当時の資料を中心に客観的な記述を心がけた。

本書執筆に際して参照した文献と資料において、勝山号に関する代表的なものだけを以下に紹介することにしよう。

第一は、馬主・伊藤新三郎による資料。回顧録「死ぬまで平和を絶叫した軍馬勝山号」(一九四七年)は勝山号の死の直後に書き残された。存命中の一九七〇年代末に活字にされて周囲に頒布されている。見開き四頁程度。新三郎は一九八一年に逝去している。

第二は、勝山号の飼育を担当した伊藤貢(みつぎ)(新三郎の次男)らによる資料。著作『遠い嘶(いなな)き』(一九九三年)とその基になった草稿「駒よ嘶け　軍馬勝山号回想記」である。

昭和末期から平成初期はメディアの取材も多く、テレビでも勝山号は紹介されたが、これらはその基になっている。伊藤貢と妹の伊藤マツ(筆者の祖母)による後者を基にした上で、貢の著作として前者が刊行されたという経緯がある。

編集を担当した末弟の伊藤満によって戦時中に軍部に協力した伊藤新三郎の行動などについては削除されている。長らく教師を務めてきたゆえに、執筆時の時代や社会状況にやや過剰に反応したことが推定される。『遠い嘶き』の完成前に貢の老衰は進んでいた(一九九七年逝去)。マツも完成後に死去している。しかし、この本は図書館で閲覧できる一冊で、現時点でも基本文献であり続けている。ただ同書が避けられなかった若干の誤りについては補正し、その後明らかになったことを付記したいと思ってきた。

第三は、戦時中に刊行された勝山号の伝記、小池政雄『聖戦第一の殊勲馬 勝山号』(一九四一年）である。小池氏は調教師として勝山号に関わった。
第四は東京朝日新聞の記事を始めとした戦時中の報道資料。さらに勝山号に言及している膨大な馬関係の文献である。分量的には上記の三つとはけた違いに多いので、最近でも新たに見出す機会は少なくない。

勝山号の馬主になって、伊藤家の運命は大きく変わった。曾祖父新三郎、大祖父貢の二人にとっても、飼育してきた馬が戦時中にかくも有名になるとは予想だにできなかっただろう。東京に戻ってきた愛馬との再会を強く願ったのは、家族の一員としての思いを持ち続けていたからであった。

一九八二年生まれの筆者にとって、勝山号の生きていた時代はある意味では遠い過去である。だがこの馬について熱く語りあう境遇に育った者としては、きわめて身近な話題でもあった。この馬の軌跡を探索する中で明らかになったことを、本書では一冊に書きおろしたい。主人公は勝山号であるけれども、日本軍将兵と多くの軍馬たちについての記録でもあるのだ。

読者諸賢には勝山号のみならず戦場に倒れた先人たちに思いを馳せていただきたい。極寒の大陸で南方の星空の下で、馬たちと苦楽を共にしてきた人たち。その中には祖国に帰れなかった人も多い。豊かな時代に生まれ、空気や水と同じく平和を享受できる世代には、戦後七五年の現在においてもそのことが求められているはずである。

文中の敬称は略させていただいた。本文中においては引用資料も含めて、旧字旧かなは新字新かなに改めた。

奇蹟の軍馬 勝山号——目次

第四章　勝山号の主人・歴代部隊長たちの運命

第五章 愛馬との再会を熱望した人びと

第七章　いま勝山号をどう見つめるのか

奇蹟の軍馬 勝山号

日中戦争から生還を果たした波瀾の生涯

第一章　第三ランタンタン号として誕生する

岩手県で生まれた勝山号＝第三ランタンタン号

まず勝山号の生い立ちを紹介しておきたい。

勝山号は一九三三（昭和八）年五月七日、父・アングロノルマン種（アノ種）ランタンタン号、母・国内産洋種第二高砂（たかさご）号の子として、岩手県九戸郡軽米町の農家・鶴飼清四郎（つるかいせいしろう）宅で生まれた。父母の名前からして外国産馬、具体的にはフランス馬の血を受け継いでいる（馬種の詳細は後述）。出生届時の名前は第三ランタンタン号である。

一方、勝山号が買われていったのは同じ岩手県内と言っても県南の江刺地方である。江刺郡岩谷堂町（現在は奥州市江刺岩谷堂）は旧仙台藩の北部に位置している。この岩谷堂町も江戸時代から馬市のさかんな地だった。北上川対岸の胆沢（いさわ）郡金ケ崎（かねがさき）町には軍馬補充部六原（ろくはら）支部が一八九九（明治三二）年から一九二五（大正一四）年まで設置されていた。これまた軍

岩手県九戸郡軽米町の「勝山号」生家の厩舎

馬育成の気運がみなぎっていた地域である。

そもそも岩手県は古代からの馬産地として知られていた。奥州藤原氏が優秀な馬を朝廷に献上した事実も重要である。源平合戦の宇治川の先陣争いでの生月（いけづき）、摺墨（するすみ）はもとより、源義経が藤原秀衡（ひでひら）から贈られた名馬・太夫黒（たゆうぐろ）も現在の岩手県に該当する地域で育まれた馬である。

ちなみに岩手県イコール南部藩と誤解している人は多いけれども、それは正しくない。旧南部藩と旧仙台藩から成り立っている。ただ南部藩のイメージの強さには無理からぬ点もある。南部駒といわれる名馬の産地としても著名である。この馬は県中央部以北の旧南部藩領内の産である。南部曲り屋は母屋と厩が一体となった独特の家屋として著名である。この地域でも、南部駒の育成技術を基にして近代軍馬を産出してきた。

一方、曾祖父が住んでいた岩谷堂町も含めて、岩手県の南部の独自性とは何だろうか。まず第一に挙げられるのは、沿岸部や北部よりも気候が安定していることである。冷害など凶

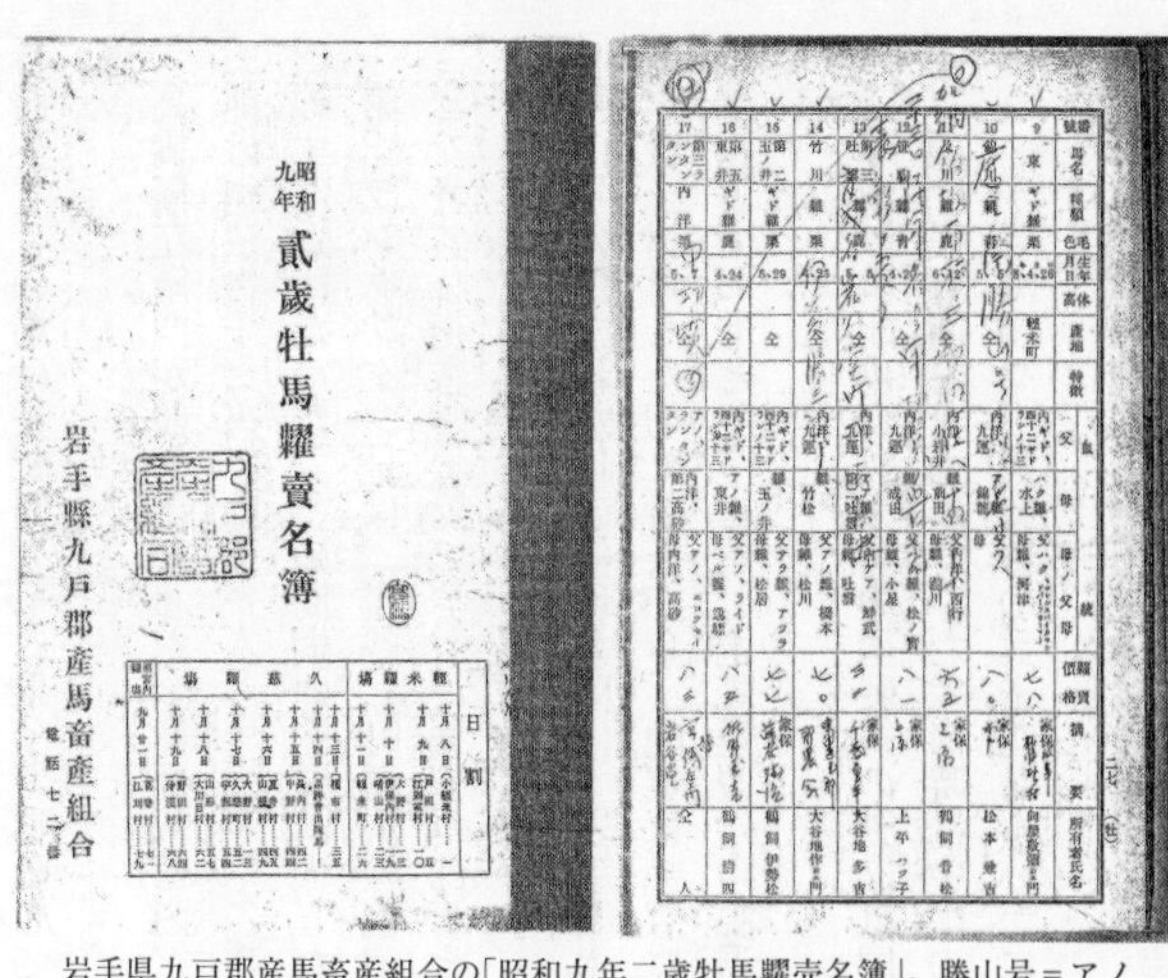

昭和九年
貳歳牡馬糶賣名簿
岩手縣九戸郡産馬畜産組合
電話七二番

岩手県九戸郡産馬畜産組合の「昭和九年二歳牡馬糶売名簿」。勝山号＝アノ・ランタンタン号の名前が買値とともに27頁の最後の欄に記載されている

作地帯としてのイメージが強い岩手県北部に比べ、宮沢賢治の手による化学肥料普及があり、「陸羽一三二号」の作付けなど米作地帯として土地改良や用水事業が郡農会主導で行なわれ、近代農業の普及も進んでいた。県北で生まれた仔馬を買い取って農作業をさせながら育て上げ、後に軍馬として買い上げられるというサイクルは、農家の貴重な現金収入にもなった。

一九三四（昭和九）年一〇月、第三ランタンタン号はまだ一歳五ヵ月だった。九戸郡の二歳馬せり市において、岩手県江刺郡岩谷堂町の馬喰（家畜商）である高橋儀左衛門（屋号は伊作屋）が買いとって、同町増沢の伊藤新三郎の持ち馬となったのである。全国一広い県内を北から南へ、この馬は長時間列車に乗って移動してきたのだろうか。それを確認することはできない。

高橋儀左衛門が競り落とした金額は八三円、それを伊藤新三郎は一三五円で購入した。新三郎は司法書士（当時は代書人といった）を務めていた。その事務所は伊作屋こと儀左衛門のすぐ近所だった。この間柄ゆえに購入したとみなすことはごく自然のように思われる。

第三ランタンタン号は、岩谷堂町増沢の自宅で飼育され始めた。宮沢賢治が教鞭をとったことで著名な花巻農学校で学んだ息子の貢がその中心を担った。伊藤家では長い名前を略してランタンと呼んだ。

勝山号の生まれた年の総理大臣は、岩手県水沢出身の斎藤実だった。かつて日露戦争の準備全般を指導した切れ者ながら、晩年は「スローモー」と言われた海軍出身のリベラルなこの老指導者のもとで、日本は国際連盟から脱退した。ドイツではヒトラーが政権を掌握している。

二年前の満州事変以来、中国戦線の動向は国内でも強く意識され、満洲国の建設によって多くの庶民も関心を強めていた。当時は中国の全域に日本軍兵士が送り込まれていた時期ではないが、満州や中国戦線の兵士たちをいかに支えるかは喫緊の課題として誰にも意識されていた。

昭和恐慌による東北農村の打撃は大きく、農産物価格の暴落に端を発して、農家経営は窮乏のどん底に追い込まれる場合も多かった。娘の身売りが頻発するのもこの時期の特徴である。とはいえ恐慌後の苦境を脱する上で、当時の高橋是清蔵相による高橋財政は有効性を持っていた。農村でも旺盛な土木事業が行なわれていた。積極財政と軍事費の増大、満州への投資もあって景気回復への期待も高まっていた時期だった。是清と同じ仙台藩コンビの斎藤首相は「自力更生」をスローガンに自奮自励による農村の復興を訴えた。

親戚の支えで育てられた馬

さて第三ランタンタン号の飼い主は、曾祖父の伊藤新三郎である。大伯父伊藤貢は飼育の担い手だった。ただこの伊藤家二代だけで飼育が行なわれたわけではない。親戚の支えによって、この馬は順調に成長できた。

すなわち新三郎の実家である江刺郡愛宕村（おだきむら）の小沢家（兄小沢新太郎、弟小沢新四郎）でも甥（小沢新左エ門、その子茂）らによって飼育されていた時期がある。筆者のインタビューに小沢茂もそれを証言していた。貢も時折は小沢家まで出向いてこの馬の世話をしていたのだろう。また地元増沢集落の遠藤政治（まさじ）は新三郎の甥で、これまた飼育を支え続ける一人だった。

増沢の伊藤家と愛宕村の小沢家という二つの家に支えられて、この馬は多くの人びとの愛情を受けていたのである。親戚同士のゆるやかな貸し借りという関係に注目しておかねばなるまい。飼い主が自分の馬を他家に一時期的に預かってもらうことは、当時珍しくなかったという。農作業も集落内での助け合いで進められ、親戚間で支えあってきた。それを考えれば、とくに驚くにも当たらないだろう。

馬主である新三郎は多忙を極めていた。自宅に帰らずに、岩谷堂町中心部の事務所で寝泊まりする日もあったという。馬の日常的な世話は息子や親戚筋に任せていた。伊作屋から購入した馬はこの一頭だけではない。他にも何頭か農家に預けていたようである。

新三郎の手記『斃（たお）れるまで平和を絶叫した愛馬を憶う』にも「……自宅の外、愛宕村の兄小沢新太郎、弟小沢新四郎の三農家の農耕や荷運搬などに」第三ランタンタン号を使ったと記している。この馬の育ての親として小沢家の存在は欠かせない。伊藤貢『遠い嘶き』ではこの点がなぜか割愛されているので、この機会に訂正しておきたい

鷹揚な馬という第一印象

さてランタンがやって来た岩手県岩谷堂町増沢は、九〇年近く前の当時、純然たる農村地帯である。当時この集落には、約八〇〇人が暮らしていた。

一九三一（昭和六）年の記録によると、この時点では一〇六戸の家庭に七八匹の馬が飼育されていた。水田の面積は集落全体で八八町四反四畝。現在の単位では八八・四四ヘクタールで単純に計算すれば、馬一匹当たり一ヘクタール強の水田を耕していた（『増澤部落誌』）。

現在の江刺地方の山間部でも、個人で一ヘクタールの水田を持っている人は恵まれているといえよう。

当時は農耕馬の飼育はごくありふれていた。土を耕す。収穫物や荷物を運ぶ。遠方までの輸送交通手段となる。馬のおかげで人の生活はささえられていた。馬とともにこなせる仕事があった。

昭和５年頃の岩手県江刺郡岩谷堂町増沢集落。中央の稜線切れ目が重染寺～岩谷堂町内への道とすれば、勝山号の生家から見た風景にほぼ等しい。

しかしながら農作業用の耕耘機・トラクターは戦前にも一部では使用されていた。ただ外国製の高価なキャタピラ式のものだったので、普及率はきわめて低かったという。一般農家では馬に馬耕器具を引かせて、人間と馬が一体となっての農作業をしていた。

全国的には、馬の数が圧倒的に多い地域と牛の目立つ地域とは拮抗していた。岩手県を始めとして東北地方は全体として馬の優位な地域である。岩手県内ではその伝統のもとに、チャグチャグ馬コ（農耕馬に感謝する伝統行事）など、現在でも

岩手県江刺郡岩谷堂町増沢にあった伊藤家の長屋門兼厩舎。改装されているようだ。昭和32年撮影

馬に関わる行事が多く残っている。

さて第三ランタン号を実際に世話した曾祖父と大伯父は、この馬とどう向きあっていただろうか。伊藤貢の回想は『遠い嘶き』などでも描かれているが、なかなか興味深い。第一印象は大事である。伊作屋の若い衆がこの仔馬を連れてきた場面はこう描かれている。

「この馬っこ引っ張っても、尻押ししても、さっぱり歩く気がなくてさ。木の枝で尻を叩きながらやっとこささ着いたどごでさ。おらこんな馬っこひっぱったことねえや」

この若い衆、といってもまだ一五歳程度の男の子は大いにぼやくのだった。それも無理はない。岩谷堂の町から二〇分で歩いてこられる場所なのに、何と二時間半もかかってやっと連れてきたという。だが伊藤家の人びとは、最初からこの仔馬に良い印象を持ったのだった。

仔馬はまだ母馬から離せないような幼い馬に見えたという。

人をこわがらない素直さ。細っこい四つの足先をそろえて、クリッとしたあどけない目を向けてくる。白い鼻づら。畑で引き抜いた大豆を鼻先に出したら、コリッコリッと音をたてて食べ始めたという。

伊藤貢の記憶にある勝山号の厩舎

貢の祖母とよは「お前は何と行儀がよかんべえ」と気に入ったらしかった。家族の第一印象では「行儀のいい馬っこ」ということだった。

厩には新しい敷わらを敷いて寝床を準備していた。たいていの馬は初めての厩に入る際には薄暗い囲いの前で大いに尻ごみするはずだが、この馬はおじけづくことなく敷わらを踏んで中に入った。家族一同は安堵して喜びあった。

「この馬っこ鷹揚な（ゆったりとして

落ち着きがある様子を示す）ところがある」

「早く大きくなってくれればええな」

祖母と母はこう語りあいながら、仔馬のしぐさを楽しそうに見ていた。

夕食時に、父新三郎は上機嫌だった。「今夜の御飯とかけて何と解く?」と謎かけして、「馬喰と解く」と答えたという。その心は「美味かった（馬買った）である。

貢は夕食後に、父（新三郎）から馬籍謄本、価格の記入された糶(せり)市名簿などを見せられた。その時に、初めて仔馬の名前が第三ランタンタン号だと知った。呼びにくい響きだと誰もが最初はとまどっていた。

覚えるのに一番長い時間を要したのは、貢の祖母のとよだった。幕末生まれであり、無理もないことである。

翌日から皆はランタンタンと呼びかけてみた。でも呼び名としてはどうにも長すぎる。結局はランタンとさらに簡単にすることにした。カタカナ名の馬は珍しかったので、近隣でも有名になってしまった。外を歩いているときにも誰もが「ランタンが来た！」と注目してくれたという。

飼育に手を焼いたことも、貢は率直に書いている。

馬の食欲は旺盛である。米ぬかをまぶした干草を好んで食べてくれるはずだった。だが、ランタンは米ぬかを全く受けつけなかった。一方で、毎日大量の水を飲むのが馬である。水以外にも、栄養にも富んでいる雑水（米のとぎ汁、残飯の煮汁などを一度煮たもの）を好む馬は多いのに、ランタンはこれまた口にしようとしない。きわめて好き嫌いは激しかった。

近所の親戚・遠藤政治に相談して、大豆と大麦を主体にした飼料に変えてみた。するとランタンは旺盛な食欲を示すので、貢たちは安心した。連れてこられたときは小柄だったが、しっかり食べて運動を欠かさなければ、馬体は大きくなるだろう。細心の注意を払って飼い続けた。蹄の湿布も欠かさなかった。冬期は雪を踏ませるようにした。

種馬をめざしていた日々

家族の期待は高まっていた。最初は小さくても立派に育つならば、気性の良いこの馬は種馬に向くのではないだろうか。家族の中で、貢は誰よりも馬を仕込むことに強い意欲を持っていた。身体を大きくするだけでなく、意識的に鍛え上げなければならない。本当に種馬になれるならば、何よりも名誉である。そうした期待を持って、馬の鍛錬に打ち込むのだった。

この年（一九三四年）の冬は地元の玉崎観音参り、翌春は江刺～黒沢尻（今の北上市中心部）から県立六原青年道場（胆沢郡金ケ崎）に至る遠乗会、翌々年春も黒石（江刺郡黒石村。今の奥州市水沢黒石）の大師山から田原村の蓬莱山に至る遠乗会への参加など、一五キロから二〇キロに達するような長距離を走らせていたという。馬の背に乗るのは貢は初めてだった。玉崎観音（江刺郡玉里村。今の奥州市江刺玉里）参りでは、雪の坂道を他の多くの馬とともに駆け上がったという。貢は何度も落馬したが、雪道なので怪我には至らなかった。

こうしてランタンは順調に育っていった。見違えるように身体も大きくなって、たくましく成長した。ランタンはいずれ種馬になれるのではないかと新三郎は期待するようになった。ただこれには注釈が必要だろう。ランタンは仔馬時代からスマートな体軀であった。種馬は横幅があって、がっしりとした馬体である場合が多い。それだけに周囲でも、新三郎の期待については疑問視する人もいたようである。

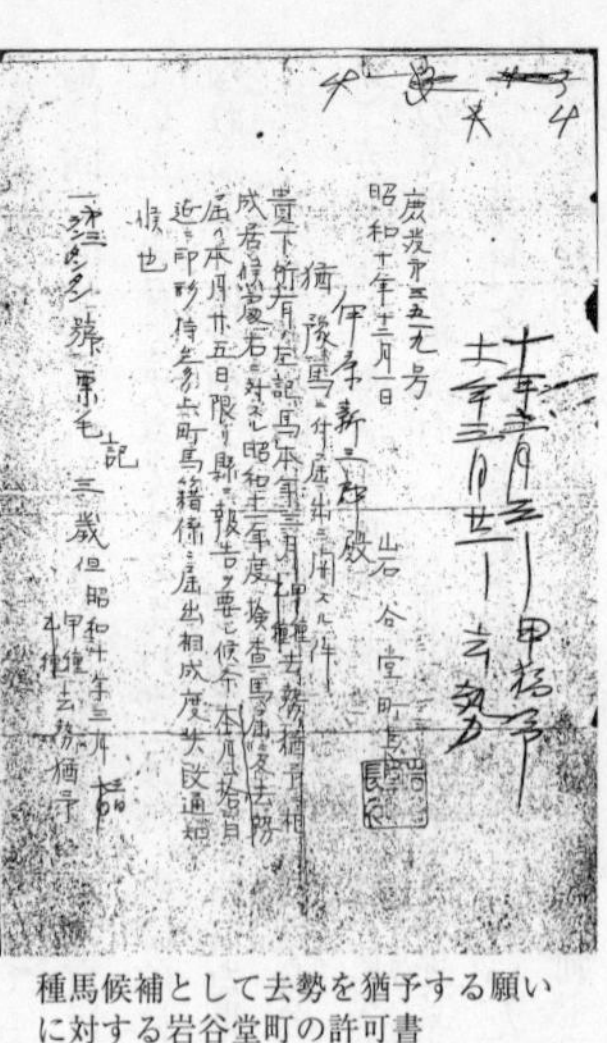
庶発第三五九号
昭和十年三月一日
岩谷堂町長
伊藤新三郎殿

種馬候補として去勢を猶予する願いに対する岩谷堂町の許可書

一九三五（昭和一〇）年三月三日、水沢馬検査場での予備試験でランタンは甲種去勢猶予となり、伊藤家の人々を喜ばせた。牡の馬はある時点で、種馬以外は去勢されてしまう。去勢しなければ計画的な馬の生産が不可能になるからである。

ランタンの去勢猶予とは何を意味していたか。この時点で繁殖能力を持ち続けていたことを意味する。種馬への可能性は大いに存在していたのだった。

こうしてランタンは伊藤家の期待どおりに、満州国で活躍する種馬の購買試験に挑むことになった。満州では大規模な産業開発や農地の開墾のために優秀な馬が必要とされていた。満州国馬政局では馬産改良のため、岩手県から種牡馬を購入することになったのである。最終検査は一九三六年三月二〇日に行なわれた。だが残念な結果に終わってしまった。ランタンの体型は問題ではなく、体高がわずかに高すぎるだけの理由で規格外となり、買い上げられなかったのである。

伊藤貢はよほど悔しかったと思える。厳格な基準のために規格外とされたからである。その場にいた補助員に向かって「少し高くても買い上げにならない」と指でわずかの高さを示しながら悔しさを表現して、補助員から慰められたというエピソードを『遠い嘶き』に記している。

こうして伊藤家のプランは実現しなかったが、ランタンと過ごす日々は続くことになった。種馬になれなかったことに失望する者はいなかった。家族の一員として大切にされる日々は続いた。

ところで気がかりなのは、先の最終検査で合格した馬である。種馬としてランタンよりも適しているとみなされ、満州へ渡った馬はどんな馬だったのだろう。筆者は長らく気になっていた。

職場での仕事で思いがけない出会いがあった。奥州市胆沢区小山の旧競馬場付近の家畜商(当時九九歳)にインタビューをした時のことである。満州国に牡馬を種馬で売ったという自慢話が出てきたので大変驚いた。時期を確認してみると、まさにランタンが不合格とされた時のエピソードではないか。思わず引き込まれて、数々の質問をしたという思い出がある。「江刺(岩谷堂が含まれる地域)からも優秀な馬が来たのでは?」とランタンについて水を向けてみた。それも覚えているけれど、合格したのは(金ケ崎を含む)胆沢や水沢の馬だったという。

この伯楽さんも若き日の勝山号を見ていた一人である可能性は強い。しかし、ランタンという馬についての具体的な記憶はなく、それが後の勝山号になったという事実さえ知らなかった。このご老人にとってはそれ以上の名馬を満州へと送り込んだという自負が強かったのかもしれない。

愛馬への思いは揺れて

ごくささいな理由で種馬への夢は絶たれてしまった。軍馬に関する基準は厳格なので、あきらめるしかなかった。さらにランタンの試練は続いた。種馬になれなかったゆえに遅い時期に去勢されることで、しばらく不調の日々が続いた。復活を果たしてからは、伊藤家の馬としてさらになじんでいった。

貢の回想の中で、とりわけ印象的な個所を紹介しておきたい。

一九三六（昭和一一）年の初め、伊藤貢、二三歳の時である。自宅裏山に伸びる口内(くちない)街道をランタンと駆けることを楽しい日課としていた。

ある時、障害飛び越えに挑んでみた。街道沿いの広い草原に見よう見まねで即席の障害物を設けたのである。バーに脚が当たると落ちるようにした。ランタンにまたがって障害物を目がけてスタートした。バーの直前でランタンが急停止した瞬間に記憶はとぎれてしまった。

やがて生ぬるい風を耳元に感じた。目を開けると、すぐ前にランタンの鼻づらがある。自分は急停止で投げ出されて気絶したに違いなかった。日も暮れかかっている。長時間経っていたのだろう。

それを案じたランタンが、眼をさまさせようと試みたのだ。貢はいじらしく思い、何度も声をかけながらランタンの首をなでてやった。

さて先に記したように、この時期のランタンは伊藤家と小沢家の愛情を受けていた。とりわけ伊藤家の人びとのこの馬への思いも徐々に変化していったことは、『遠い嘶き』記されている。

田起しや田掻(たが)きでこの馬を活用してきた。しかし次第に泥まみれにするのを申し訳なく思うようになった。「手放せなくなったようだな」と近所の遠藤政治も家族の心情を察していた。

それでも軍馬になってくれればもちろんめでたい。お国のための貢献にもなる。たしかな現金収入になるのだ。これは全国の農家にとって馬を育てる目的の一つだった。伊藤家でも、その期待を持たなかったわけではない。

家族の一人ひとりは複雑な思いだった。この馬と日々を過ごしていきたい。同時に立派になった馬を軍馬として送り届けたい。せめぎ合うその気持ちをランタンは知る由もなく、運命の日は近づいてきた。

第二章　「軍馬と戦争」で日本史をみつめる

さて後に勝山号となるランタンの記述からしばし離れて、歴史の中での軍馬を眺めてみたい。もちろんポイントは昭和期に至る時期に軍馬はどんな課題に直面していたかである。軍馬の基礎知識もこの機会に紹介しておきたい。そのためにも、まず古代史から馬と人間とのかかわりを駆け足で追いかける必要はあるだろう。

古代からの連綿とした蓄積

人類史と馬の歴史は深く重なり合っている。現時点では、紀元前四世紀ごろから、馬は家畜として飼育されていたという説が有力である。人類の歴史のほぼすべては戦争の歴史であり、洋の東西を問わず、その戦争でたえず貢献を求められてきたのは馬だった。

現在のユーラシア地域にくらべると、東アジアに馬が伝わった時期はかなり遅れているという。朝鮮半島北部では、二世紀末に馬の飼育が確認できるという。現在の日本列島の地において、馬の棲息を確認できる時期は四世紀末から五世紀にかけて。五世紀の古墳からは副葬品の一つとして馬具が出土しており、倭王権との関わりの深い人びとによって、朝鮮半島から渡来してきた馬が飼われていたことを物語っている。

念のため確認しておけば、縄文期に馬は棲息していなかったことになる。戦後の一時期には、縄文期から馬はいたという説も存在していたが、現在の研究水準はその説を明確に否定している。縄文期の土偶に馬を模したものはないことも、一つの例証になるだろう。

西日本から始まった馬の飼育は、東日本にも広範囲に広がっていった。『日本書紀』の記述を見ても、戦闘では馬が活用されており、きわめて重視されていたことは明らかである。律令国家にとって、馬はきわめて存在感を持っており、天皇や国家そのものと深い関わりを持っていた。同時に、地方の役所にとっても馬の管理と飼育は重要な仕事だった。軍馬としての貢献、運搬や交通も含めて、その用途は広かったのである。

八世紀初めから、馬を生産・飼育するための牧は各地に設けられていく。牧場をイメージしても良い。管理するのは国司である。朝廷直轄の牧も存在して重要な存在意義を持ち続けていく。

その後、牧の形態は変容していくが、忘れてはならないのはかくも昔から馬の生産・飼育は重視され、社会に定着していたのである。武士の登場した一〇世紀よりもはるか以前、源平の合戦として知られる治承・寿永の乱（一一八〇～一一八五年）よりもさらに昔からその歴史は積み重ねられてきた。馬とは庶民が気安く飼える動物ではなく、天皇・貴族を始めとした社会の最上層や神社などと深きかかわりを持ってきた動物であることも意識しておきたい。

現在ではテレビや映画の時代劇を通じて、戦国時代などの戦闘に登場する馬を私たちは眼にしている。その際にも、古代以来の長き伝統をどこかで意識しておきたい。注目すべきは馬体の大きさである。戦国時代などに実際に使用された馬は、もっと小型だったことを忘れてはいけない。ポニーに匹敵するほどの体高だったのである。さらに騎馬隊の攻撃力は、武将たちの運命を決する重さを持っていたことにも思いを馳せてみたい。

その後江戸時代に、馬たちの多くは各藩の管理下に置かれていく。各藩では武士の石高に応じて、有事の際には人馬と武器を提供することを求めていた。この軍役は、武士たちに平時からの備えを求めたので、経済的負担となっていた。馬の生産と飼育を自由に行なえるわけではなかった。

この時点でも大量の馬を飼っていることは富と権力の象徴だった。身近な動物でありながら、庶民には縁遠かった。馬術に関われる人も限定されていて、結果としてその進歩は遅くなった。

交通・運輸という観点で、馬は江戸時代にも重要だった。ただ急峻な地形であるこの国において、交通路の整備は遅れていた。それゆえ全国くまなく、運搬を馬だけに依拠していくのは不可能である。現在では忘れられがちになっているが、豊かな河川資源を活用した水上交通による運搬はきわめて有効であった。馬による運搬だけが万能であったわけではない。

これらの条件は、欧米諸国との比較において、馬車の普及が日本ではそれほど広がらなかった一因であろう。さらに騎馬隊＝騎兵の発達も阻害されることになった。馬の調教不足や小型馬ばかりという馬匹改良の立ち遅れは、日本の軍馬が後々まで直面する困難な条件だった。

明治期における軍隊と軍馬の実力

明治期以降もすべての戦争に馬は関わっている。ただそれを論じる前に、幕末・維新期における武器や戦術の変化について考察したい。この主題は軍馬や世界大戦に興味のある方々には盲点になりやすいかもしれない。

幕末まで、正しくは明治維新後の四民平等政策による廃刀令まで、武士たちは帯刀している。とはいえ、江戸期の主要な武器とは刀ではない。銃砲と槍であろう。それを担う主力は足軽だった。騎馬武者も健在で、騎馬隊による突撃も江戸時代では有意義であった。火縄銃も使用され続けていた。

幕末期には顕著な変化も現われていた。一つには世界的に銃の進歩は著しかったのである。

国内でも洋学者の貢献によって、西洋の兵学は導入され始めていた。各藩では近代兵器の製造と輸入を急速に進めていたのである。佐賀藩の反射炉のようなめざましい進歩も存在した。だが欧米の水準に匹敵するような小銃の生産は国内ではまだ不可能であった。

明治維新期においては、戦闘の前面での歩兵の活躍に注目しなければならない。戦国時代以来の騎馬隊による突撃は、この時点では時代遅れになりつつあった。維新変革をリードする長州藩では真っ先に兵制改革を推進していた。最新の銃を導入して銃隊を組織することは、改革の主眼であった。

鳥羽伏見の戦いで、数の上では劣勢だった倒幕軍はなぜ勝利を手にできたのだろうか。その最大のポイントも兵制に関わっている。旧式銃や抜刀突撃という戦法から脱皮して、最新の銃を備える。近代的編成装備を備えた軍であるかどうかが問われたのである。倒幕軍の勝利はその文脈で説明されるであろう。戊辰戦争もまた然りである。

明治維新に際して、いかなる軍隊を編成すべきだったか。江戸時代の藩兵の連合はありえない。それでは機能不全になるのが明らかだった。明治国家の軍、政府直轄の精鋭軍こそ求められていた。そのためにも、近代兵器を急速に導入・製造して、兵制改革を図ることは必須である。徴兵制の導入も早急に求められていた。ただその前段として、幕末期に急速に軍備拡張した各藩から兵器を返納させ、各藩兵の整理にまず着手しなければならなかった。

維新直後の軍隊の実力はきわめて低い。全国各地には鎮台を設置して兵備を整え、歩兵、騎兵、砲兵、工兵、輜重兵をようやく誕生させたのが第一歩だった。小山弘健『近代日本軍事史概説』によれば、一八七一（明治四）年末で全国の騎兵は御親兵（後の近衛兵）二個小隊八七名のみである。西南戦争前の六鎮台の平時兵力は歩兵二万六八八〇名。騎兵二四〇名。砲兵二二六〇名。工兵一〇八〇名。輜重兵三六〇名。海岸砲兵七二〇名。合計で三万一四四〇名だった。西南戦争の時点では、歩兵と砲兵などが増えたものの四万六〇五〇名だった。軍馬を必要とする騎兵、輜重兵は圧倒的に少数であったことは明らかである。

このような現状から、近代日本の軍隊は出発したことを明記しておきたい。

以下、軍馬を意識しながら、維新以降の主な戦争について概観しておこう。

まず西南戦争（一八七七年）。馬と輜重兵の不足に直面した政府軍は当初は苦戦したが、薩摩軍に勝利し得た。大量の軍夫を雇って輸送任務に当てたこと。海上輸送で兵員と物資を送り込んだことも政府軍勝利の背景として重要である。

日清戦争（一八九四〜一八九五年）までに、各地で鉄道と軍港の整備は進み、陸軍の装備もようやく強化されてきた。必要最低限の騎兵は整備されていた段階であることに注目しておきたい。この時代に急務とされていたことは、小銃の国産化である。この戦時中も含めて努力が続けられていた。日本の軍事工業が急速に台頭する時期である。そのことは戦争の勝利の背景として、まず注目しておくべき点であろう。

この戦争で砲兵は青銅製の七糎野砲／山砲を装備し、馬匹（ばひつ）編成で戦場に臨んでいる。だが肝心の軍馬の本格的改良はなされておらず。多数は日本古来の和種に属する小型馬で、能力も不十分だった。

一九〇〇年の北清事変（義和団の乱）に際して、北京を包囲した義和団を打ち破るために、列強とともに日本軍も奮戦した。その兵士たちについて他国からのは悪評が寄せられるはずはない。ただ日本軍の軍馬はとても馬には見えぬと、あまりの貧弱さについて外国軍から指摘されることになった。

その指摘を受けるまでもなく、軍馬について真摯に見つめる存在は国内でも稀ではなかった。明治天皇は乗馬を奨励し、馬事にきわめて熱心であり続けた。そして忘れてはならないのは、司馬遼太郎『坂の上の雲』でも著名で、日本騎兵の父と讃えられた秋山好古将軍である。日清戦争後に陸軍騎兵学校の校長となった秋山は、日本軍に本格的な騎兵を作るべく、馬術・戦術の改良、外国からの軍馬購入を訴えて、多大な貢献を続けていたのである。

以上、輪郭をたどってきた困難な諸点は、日本近代における馬と戦争を見つめる上で、まさに岩盤のように存在し続けた難問であった。明治期以降も馬の力を借りなければ、戦争はできない。だが現実に存在する陸軍の軍馬は、本来あるべき軍馬像とは著しく隔たっている。数も不足している。資質にも大いに問題ある馬では、戦場で足手まといになってしまう。何としても戦争に対応できる立派な馬こそ求められていた。その一点が、軍首脳によって痛感されていた。近代戦に耐えられる馬を創出すること。それなくして将来の戦争は闘い得ない。そのためにどうすれば良いのかを陸軍首脳はすでに模索し始めていた。

日露戦争の勝利に軍馬も貢献

日本の軍馬の歴史にとって、歴史的画期は日露戦争（一九〇四～一九〇五年）の経験である。この戦争についての概観で、軍馬に言及されない場合は多い。戦争の背景、開戦の経過。戦闘の経過はもちろんより重要な主題である。

一九〇四年二月に開戦した戦争は朝鮮半島と満州の権益をめぐる争いだった。満州と遼東半島が主な戦場だが、日本近海でも戦闘は行なわれた。陸軍と海軍による戦争指導の全体像。海軍による制海権の制圧と陸軍の展開。朝鮮半島の占領後において、戦場は遼東半島、満州などきわめて広大な地に広がる。著名な戦場も旅順、奉天、日本海海戦など数限りない。それらについては同時代にも十分に関心が持たれてきた。

連発銃や機関銃の使用、火力の進歩による戦闘において両軍は拮抗していたが、ロシア軍よりも高い士気を持った日本軍兵士の果敢な戦いぶりに注目が集まった。それが勝利の原動力になったことは疑いない。

その上で、軍馬の貢献も十分に注目に値する。この戦争では出征兵士一〇〇人に対し二〇頭の割合で軍馬の動員は可能だった。歩兵部隊の最前線に馬は存在しなかったが、戦闘部隊と行動をともにする輸送隊は馬匹編成になっていた。

さらに砲兵は鋼鉄製の三十一年式速射野砲／山砲で六頭立ての軍馬が牽引した。輜重兵にも輜重車という運搬用の馬車が整備されており、野戦での運送能力の増大は見逃せなかった。ただ世界最強の陸軍国の一つである帝政ロシアでも軍馬をきわめて重視していた。ドン河沿いの騎馬民族からなるコサック兵団の馬術の才能と勇猛さは、高く評価されていた。軍馬の数量とも日本軍を圧倒しており、機動力の高い騎兵軍団を複数有していた。

明治44年ころの騎兵第二連隊（仙台師団）の騎兵

これに対して、少しさまになってきたのが国産軍馬である。それだけでは不足しているので、オーストラリアから買い入れた馬を補充したが、結局これは実戦では活用されなかった。

日本軍は騎兵旅団を二個編成したのみである。軍馬の補充が進んでも、まだ平時の補充に対応できる程度。体格を見てもロシア軍の馬はより大型で、その優勢さも明らかだった。日本の苦戦はその点でも必至だったといえるだろう。だが困難に直面しながら、日本軍は必死に戦った。その過程で騎兵部隊の注目すべき活躍は随所に存在している。二つだけ紹介しよう。

第一の貢献は永沼挺身隊の奮戦である。この永沼秀文が指揮した騎兵挺身隊には岩手県出身者も多数所属していた。騎兵によって大胆な交通路破壊、橋梁爆破などの攻撃を敢行した。この部隊は大胆に局面を切り開いて、後にロシア軍と騎兵同士の壮絶な戦闘も繰り広げた。この激闘は長らく語り継がれてきた。

第二はあまりにも著名な奉天大会戦。一九〇五年二月二一日から三月一〇日までの一八日間の激戦である。数の上で圧倒的に優位なロシア軍を包囲するために、日本軍主力の両翼には騎兵旅団が配置された。機動力を生かしてロシア軍の退路を断った。その先頭に立ったのは周知の秋山将軍である。その獅子奮迅の活躍は全軍を鼓舞した。優勢だったのは日本軍である。ロシア軍は戦略的に撤退したという説もあるとはいえ、圧倒的に少数だった日本軍の猛攻は、ロシア軍を追いつめた。さらに強大な騎兵があれば、敵の退路を遮断して完全に殲滅させることもできたに違いなかった。ただ騎兵旅団の奮闘によって敵軍が撤退を余儀なくされたことは明らかであろう。

世界最強のロシア騎兵軍団に対して、騎兵の神様秋山将軍に率いられた馬と騎兵たちは奮闘した。極東の小国が大国ロシアを打ち破ったというニュースは、世界に日本の存在感を知らしめていく。いくつかの新興諸国にとっては、日露戦争は大いなる励ましを与えたのである。

陸軍による長期的な馬政計画

だが陸軍首脳はその勝利に酔っているわけにはいかない。ロシア軍に圧倒されていた局面も多く、この戦争から何を学ぶかは喫緊の課題であった。こと騎兵部隊についても大いなる反省点は残されていた。

騎兵の兵力は強化されたとはいえ、まだ弱体だった。騎兵大兵団をつくることも緊急課題だった。さらに敵の砲兵に圧倒された局面もあったゆえ、騎砲の強化も必須だった。機動力を高めること、乗馬での戦闘力を高めることも求められていた。これらを強化しなければ、コサック騎兵との力の差をうめられないだろう。騎兵隊の指揮官たちは以上の弱点をそれなりに自覚していたものと推察される。

ただ以上の課題を克服するためにも、騎兵部隊の源ともいうべき軍馬の強化は求められていた。日清戦争前から指摘されていた弱点は、この時点でもまだ克服の途上にあった。何としても、早期にその課題を克服する必要があった。

一九〇六年に設置された馬政局はその総元締めである。後に陸軍の部局として位置づけられた時期も長い。この組織が陣頭に立って馬の改良を進めていった。

改良の方向性は、この時点でも不動である。第一に小型すぎる日本在来馬を欧米の大型馬と掛け合わせて大きな馬体にする。この間、改善は進められてきたがさらに加速化が求められていた。第二に種牡馬以外は一律に去勢するシステムを作る。これを制度として確立する必要があった。第三に調教不足で戦場に送るのではなく、鍛錬した馬を戦地に送っていく。これらの改良で、戦場で貢献できる馬の数を増やしていく。いつ戦争になっても対応できる体制を構築していく。陸軍首脳はその課題意識によって、長期的な見通しで馬匹政策を構想した。

この馬政三〇年計画という長期計画は二期に区分されていた。

第一期は、一九〇六（明治三九）年から一九二三（大正一二）年まで国内馬の三分の一を洋種（西洋の血統の馬）の雑種改良にすることを掲げた。最終的には全体の三分の二が洋種の血統を持つにいたっていく。軍の検査の合格率は日露戦争時の二倍に達したという。

第二期は一九二四年から一九三五（昭和一〇）年までの一二年間で、軍馬だけではなく、産業用馬との調和主義となり、優良な体格（馬格）の種類を重視することを心がけた。

続いて、一九三六年から第二次馬政三〇年計画が立てられたが、やがて第二次世界大戦にともなって、予定の計画を改めて国内馬の大半を軍用とせざるを得なくなった。

きわめて遠大な計画の下に以上の馬政計画は進められていった。陸軍が先頭に立って、全国各地で官民一体となって、馬を飼育・管理していくことが求められていた。直接馬の日常に関わっているのは、多くの業界と専門職である。行政のルートも決定的に重要であった。これらの組織・個人を網にかけるようにして、この馬政計画の実行が果たされていくという点こそポイントである。

ちなみに戦争に馬を活用していた時代は、きわめて遠い昔であると思いがちである。現在ではそうした感覚を持つことの方が普通であろう。日本では七五年前まで軍馬が存在していた。そして昭和の戦争よりも明治の戦争の方が、軍馬の役割は大きかったのだろうと思っても、何の不思議はないのである。

昭和12年ころの騎兵第三旅団(盛岡)の騎兵

ただ実態はその逆である。明治期の戦争よりも、昭和期の日中戦争の方が戦争での馬の貢献はさらに際だっている。明治期には、馬の動員も確保も立ち遅れていたからこそ、上記の馬政計画が準備されていった。この計画によって、質的にも量的にも軍馬の供給が改善されることによって、昭和の戦争ではさらに多くの軍馬が徴発され、戦場で貢献していったのである。

興味深いのは、大東亜戦争（アジア太平洋戦争）の開戦から数年後の時点での、『軍事教育　補充兵、第二国民兵必携』（一九四二年）の叙述である。これは最低限の軍事知識を未教育補充兵用に提供するテキスト。全一四〇頁のうち何と四〇頁も軍馬について記述しているのは驚くべきである。

それとは対照的に、明治期に使用されていた歩兵の典範令（陸軍大臣が制定した基本教範）には、驚くべきことに馬事についての項目は見あたらない。もちろん明治期と昭和期では教範の編集方針も異なっているのかもしれない。それにしてもこの対比は象徴的である。

満州事変後もなお軍馬は重視され続けた

軍馬の改良は、日本軍の強化にとって不可欠だった。だが世界の最先端を行く欧米列強は馬だけを注視していたのではない。その点でも日本よりはるか前方を歩んでいた。軍馬を活用しつつ、自動車と戦車の開発へと動き出していたのである。

イギリス、ドイツなどの大国は、第一次大戦のかなり以前からこの構想を開始していた。新たな戦争への挑戦である。軍馬や騎兵も重要であるが、いつまでもそれに依存し続けることはできない。なぜなら銃や大砲の性能は向上していた。戦場での火力の脅威は増大していた。これに対応するためには、騎兵や馬だけでは時代遅れである。その必要性から自動車は戦場と後方で大胆に活用され、戦車もその存在感を示し始めたのである。

日本は対照的だった。軍馬の育成に立ち遅れた国として、その失地回復に縛られ続けていく。軍馬重視という旧式のスタイルに固執し続けた点は否定できない。

第一次大戦は世界史上で巨大な意義を持つ。史上初の総力戦である。戦場では塹壕戦が特徴的であった。この戦争で、欧州戦線では自動車は物資と兵士の運搬に利用され始めた。塹壕を乗り越え敵の前線を突破する「タンク＝戦車」も開発されていた。もちろん従来どおり、軍馬も大いに活躍していたけれど、戦争史は新たな段階へと足を踏み入れた。

日本陸軍の首脳も、この時点での欧米列強の動向は把握していた。しかし彼らにとって、軍馬を軽視するという道はありえなかった。満州事変開始後においても、悪路の多い中国大陸で馬に依拠することは現実的な選択であった。軍馬は活兵器（かつへいき）、生きた兵器として重用され続けていく。

海外馬の導入は何をもたらしたか

ちなみに満州事変の一九三一（昭和六）年時点で、国内での飼育馬は、民需・軍用を含めて約一五〇万頭（軍用の定数は約三万六〇〇〇頭）。しかし、陸軍当局の要求する数は戦時で約八〇万頭であった。数の不足と質の問題は、優良な血統の種馬で解決すべきとみなしていた。

ところで明治期以降本格化した欧米馬の導入は何をもたらしたのだろうか。日本の馬の大型化は実現しつつあった。それとともに、全国各地の在来馬の純血種は絶滅し続けていた。東北地方でも明治の終わりまでに在来馬は姿を消している。驚異的な変化であるといえよう。その方向性は昭和期に入っても不変である。陸軍は海外馬の導入による大型化を徹底的に追求していた。

もちろん大型化だけを至上目的としてはならない。鍛錬も大事である。そのために陸軍は自ら大量の軍馬を育成してきた。明治期から全国各地に軍馬補充部が設置され、広大な敷地において、馬の育成と鍛錬は進められていた。ここから戦場へ送り出すルートは軍馬送出の一つの道である。

だがこのルートだけですべてを担えない。そのためにもう一つのルートとして、全国の農家に農耕馬を育てさせて、その中から優秀な馬を軍馬として徴発する。こちらのルートでも軍馬は育成された。後に勝山号となる第三ランタン号もこのルートで戦場へ送られたということになる。

昭和恐慌以降は、農村の窮乏を打開する上で副業も奨励されていた。斎藤内閣の「自力更生」をスローガンにした経済更生運動においても、牛馬の飼育に光が当てられていた。馬は農耕や交通や輸送に欠かせないだけではない。農耕馬を種馬・軍馬に育成できるならば農家には貴重な現金収入となる。生活の糧として無視できないものだったのである（同時に乳牛

の導入による酪農や乳製品加工など地方ではそれまでに考えられない畜産の在り方が示された
のもこの時期である）。
後に勝山号となる第三ランタンタン号が育った地域でも、それは明らかだった。前出の『増澤部落誌』では、「昭和五年秋季軍馬購買」（一九三〇年）で、八頭で約三三一〇円の軍馬購買に応じたと記録されている。一三〇円程度で買った馬が約四一四円で買い上げられる。農家の収入増は明らかであった。

日本でも自動車と戦車の開発は進む

第三ランタンタン号の誕生は一九三三年。この年は戦前でも注目すべき年だった。国際連盟からの脱退など内外での重大事件も存在していた。ただ、この時期は新たなる戦争への模索が国内で進められたという点でも注目すべき時期であった。自動車と戦車の開発はすでに実を結び始めていたことに注目しておきたい。

まず自動車について。長らくアメリカからの輸入車が中心であり、次いでフォードやゼネラルモーターズは日本国内に工場を建設した。だがこの一九三〇年代前半には、国内メーカーによる生産が本格化していた。豊田自動織機製作所では一九三三年、日産では一九三四年頃から軍用トラックの開発を本格化している。最も著名だったのは、九四式六輪自動貨車である。陸軍の保護自動車として同規格の車両が陸軍の補助で民間に行き渡り、有事には陸軍の要求する第一線のトラックとして戦場に投入されたのである。

ただ欧米先進国はこの時期にはるかに先行していた。一九三〇年代後半の時点でも、日本は世界七大列強（日・米・英・独・仏・伊・露）で自動車の普及が最も遅れていた国である。他国の後塵を拝していたという位置関係は変わっていない。それでも国産トラックの生産はすでに本格化していたのが、第三ランタンタン号誕生の時期である。

戦車はさらに先んじて開発していた。日本における戦車は一九一八年のイギリス製のマークⅣ重戦車（雌型）導入が最初である。一九二〇年にはフランス製ルノー甲型（FT）軽戦車の導入と運用研究を開始していた。これらの蓄積も活かした上で、一九二七年には国産第一号の「試製一号戦車」、一九二九年には実用型の八九式軽戦車（後改良され中戦車）が開発された。その後も改良への努力は、休みなく続けられていく。

これらの蓄積を確認しておくのは重要である。日本陸軍も軍馬に代わる選択肢を当然模索していた。その上で中国戦線の地形、物資運搬に関わる諸条件と当時の自動車の水準を考慮して、移動・輸送の手段の大半を鉄道と軍馬になおも依拠し続けたのである。

一九三八年六月の陸軍省命令においてさえ、より戦争に適した馬を作る政策の強化を求めていた。もちろんこの時期は自動車と戦車生産を本格化している時期であるのだが。さてその上で、それは旧態依然たる方針の墨守だったのだろうか。その点については次章でも考察していきたい。

軍馬と九四式軽装甲車(豆戦車)の邂逅。中国戦線はあらゆる矛盾と進歩を凝縮していた

国産の自動車や戦車の開発を庶民はどの程度知り得ていただろうか。さらに世界の列強による自動車や戦車の開発の最先端をつぶさに知りうる者は稀であったに違いない。

陸軍による軍馬重視という選択について、農村は真摯に向き合っていた。馬に寄せる並々ならぬ思いと無関係ではなかった。銃後においては、中国戦線のリアルな映像に接することはできない。戦場での馬たちの最期を知ることはできない。それでも戦場に送られた馬と再会できないということだけは十二分に自覚していた。

馬をテーマにした当時の歌や映画を意識しておきたい。硫黄島で悲壮な最期を遂げた栗林忠道中将が選定した「愛馬進軍歌」（一九三九年）は大ヒットしている。東宝映画『馬』（山本嘉次郎監督、一九四一年）は陸軍省が後援して、高峰秀子の主演によって大評判になった。

これらの反響は作品の魅力に由来している。さらに将兵たちが戦場で散っていくという時代の試練とも大いに関係していた。馬を愛おしく思う庶民の思いが、歌や映画のヒットを支えたことを忘れることはできない。

第三章　軍馬勝山号として中国戦線へ

満州事変から盧溝橋事件まで

第三ランタンタン号にとって、運命的だったのはまず軍馬になった年である。日中全面戦争の勃発、すなわち支那事変と重なっていた。あと三年早くても、三年遅くてもその未来は異なっていたはずである。もう一つ、東京とその周辺の兵士からなる歩兵第百一連隊の所属馬であることも大きい。首都東京に関わる部隊として注目は大きかった。

勝山号として中国戦線に渡ったのは一九三七年九月である。満州事変（一九三一〈昭和六〉年九月）から六年が経過していた。日露戦争後、満鉄総裁・後藤新平が唱えた「文装的武備」は第一次世界大戦後、民族主義という時代の流れに抗しえず、満州軍閥の張作霖、張学良親子は日本への対決姿勢を強めた。南満州鉄道に並行する鉄道の建設による経済権益の侵害、朝鮮人を含む日本側住民へのテロ行為の放置等々。満州事変は、柳条湖事件という日本側の謀略から、長年にわたる「満蒙問題解決」のため、関東軍が満州全土を軍事占領したものだが、以後の展開は一足飛びだった。

翌三二年一月には上海事変が始まり、二月には陸軍が派遣されている。関東軍ら日本側が主導しての満州国建国は三月である。「中華民国」が成立しているのに、清朝最後の皇帝溥儀を前面に出しての建国は、多くの中国人の失望を招いた。

勝山号の生まれた一九三三年に、関東軍は満州から華北へと進攻していた。満州国と華北との国境地帯を設けて、華北進出の拠点と位置づけた。さらに関東軍は華北を国民政府の支配から切り離すなど、勢力の拡大を企図していた。

これらは出先にすぎない関東軍の謀略工作や軍事行動とも無縁ではない。政府や陸軍内部からの批判も存在していたが、それを抑えられず、結果として中国国内での反日感情は民衆レベルでも高まっていく。当初は蔣介石の国民政府も中国共産党との対立に決着を付けてから、日本に対峙するはずだった。だが次第に中国共産党の主張する国共合作論が優勢になり、まずは日本と闘うという選択肢は説得力を増していく。満州から追われた軍閥の張学良が、西安事件を起こして武力で蔣介石に共産党との停戦と対日宣戦を迫るのは一九三六年一二月のことである。

この間の中国での動向は国民に伝えられている。新聞社が先頭に立って国防献金にとり組み、地域の指導者なども音頭を取って兵器なども献納される。国家を支える軍への協力は圧

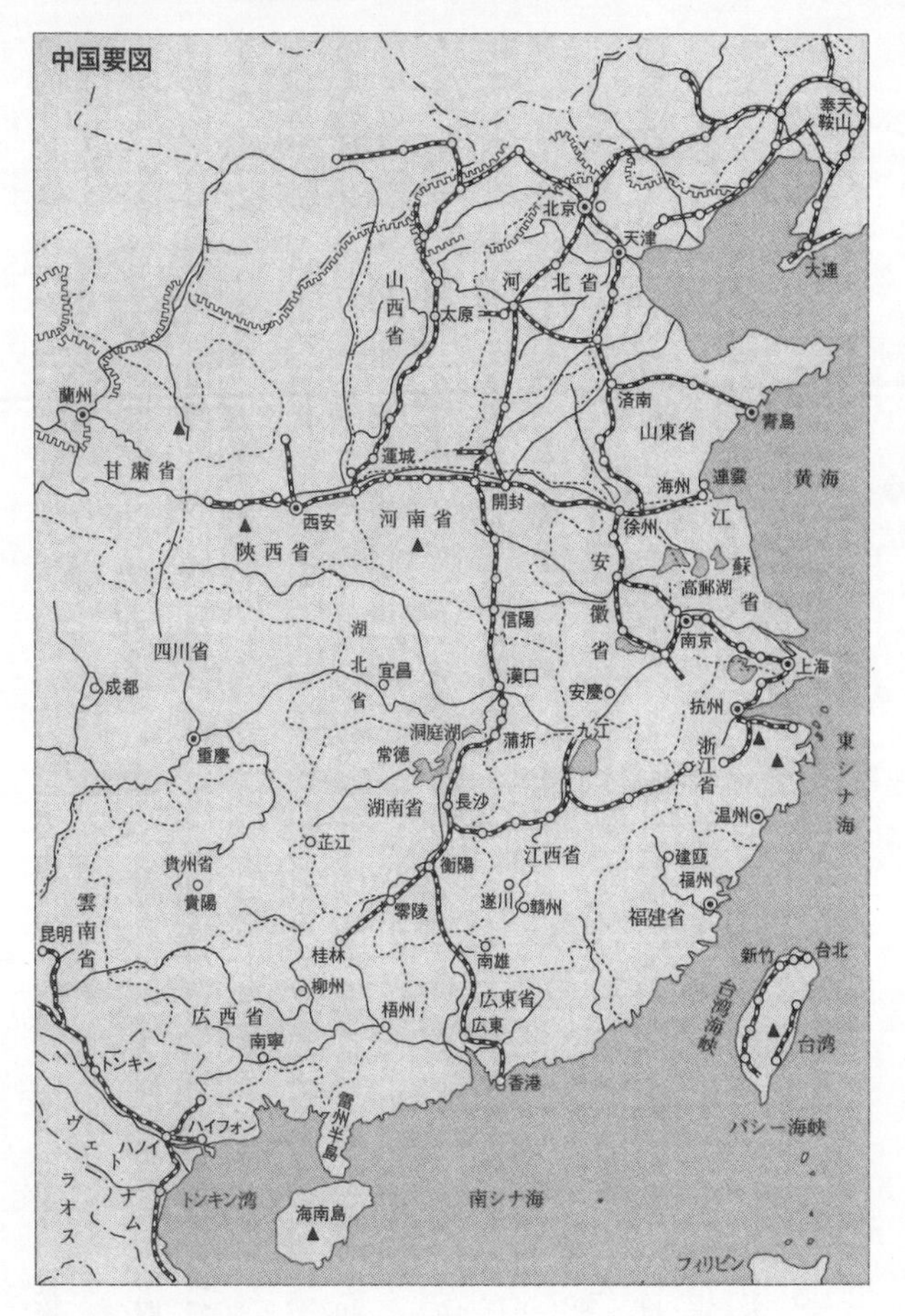
中国要図
奉天
鞍山
北京
天津
大連
河北省
山西省
太原
蘭州
済南
青島
山東省
運城
甘粛省
海州
連雲
黄海
西安
開封
河南省
徐州
江蘇省
陝西省
安徽省
高郵湖
信陽
南京
湖北省
四川省
上海
宜昌
漢口
成都
安慶
杭州
洞庭湖
九江
重慶
常徳
蒲折
浙江省
東シナ海
長沙
湖南省
温州
芷江
江西省
建甌
貴州省
衡陽
福州
貴陽
遂川
贛州
雲南省
昆明
零陵
福建省
新竹
台北
桂林
南雄
台湾海峡
柳州
広東省
広西省
梧州
広東
台湾
南寧
トンキン
香港
雷州半島
ハイフォン
バシー海峡
ヴェトナム
ハノイ
ラオス
トンキン湾
南シナ海
海南島
フィリピン

倒的多数の国民の意思によって進められた。総力戦を支えるのは銃後の国民の当然の責務とされていた。

現地の映像を容易に入手できる現在とは、まるで異なる時代だった。従軍記者による取材は数多く、ニュース映像も断片的には存在していたが、中国各地の様子をリアルタイムで知ることはできない。まして戦線へ送り出したかつての愛馬の様子を知ることはできない。

伊藤家にとってもそれは同じである。第三ランタン号を送り出した九月の時点で、この馬の行方をたどる道は断たれていた。唯一、勝山号という名前で軍馬になったことを知るのみである。

ただ一九三七年九月に中国へと赴いたことの意味は小さくない。数年前と比較しても中国戦線への関心はさらに高まっていた時期である。

満州事変を起点としての、日中対決の全面化とは、新たな重大な局面を意味していた。その発端は、一九三七（昭和一二）年七月七日、北京郊外盧溝橋（ろこうきょう）での原因不明の発砲事件以降の日中両軍の衝突である。当初は鎮静化すると思われたが、東京の参謀本部や支那駐屯軍の参謀たちの中には、本格的な戦闘を志向する機運が高まっていく。それに対する蒋介石も国民に徹底抗戦を呼びかける中で、七月二八日、華北での戦闘を日本軍は開始していく。これは北支（ほくし）事変と呼ばれた。

さらに八月九日の日本の海軍特別陸戦隊員殺害（大山大尉事件）が引き金になって、上海方面での全面戦闘（第二次上海事変）へと拡大していった。

当時の上海方面は、海軍の上海特別陸戦隊が数十倍の中国軍を相手にして日本人居留民の保護に当たっていた。欧米の軍事援助を頼みに、ドイツ軍軍事顧問団の指導を受けて攻勢に出た中国側の攻撃は激しく、応援のための陸軍部隊はただちに派遣された。

第二次上海事変と呼ばれたこの戦闘は、蔣介石直系の中華民国正規軍がクリーク（小川。人工の小運河）へ、機関銃や迫撃砲などの近代兵器を配すという陣地軍によって、日本軍側に多数の死傷者をもたらしていくことになる。

支那事変と歩兵第百一連隊

九月二日には、北支事変と第二次上海事変とを合わせた呼称として、支那事変という呼称が用いられるようになった。「支那」とは単純にチナ・シナというようにｃｈｉｎａが転訛したものであるが、中国への蔑視が含まれているとの説もあって、戦後は、日華事変、日中戦争と表現されている。ただ当時の将兵と軍馬はまさに支那事変の名の下に戦地へと向かったことは明らかであり、当時の日本政府の決定として疎かにはできまい。

第三ランタンタン号の出征はこの直後の九月中旬である。まさに支那事変において軍馬としての第一歩を踏み出した馬であることを記憶に留めたい。

さて一九三七年七月以降に種々曲折はあったものの、最終的に戦線拡大が決まってから陸軍がどれほど急ピッチで派兵したかに注目してみたい。

陸軍参謀本部は、緊急の応援で派遣した常備兵力以外に、日露戦争以来となる予備部隊の動員を下命。全国の常備部隊では、召集令状によって集まった予備兵によって、戦闘部隊の編成が大急ぎで行なわれた。これを特設師団という。

その時点で東京の歩兵第一師団は、ソ連に備えて満州警備に出動しており、師団に所属する各部隊には留守部隊がいた。その歩兵第百一師団こそ、支那事変に際して上海戦線に赴く特設師団として九月一日に編成された。師団長は伊東政喜中将。上海派遣司令官松井石根大将の要請によって、この第百一師団のみでなく第九師団（金沢の現役部隊）、第一三師団（仙台の予備役部隊）も動員編成されていく。

勝山号の所属した部隊とは、この第百一師団の所属部隊である歩兵第百一旅団を構成する二つの歩兵連隊の一つ、歩兵第百一連隊であった。まさしく急遽編成された部隊である。赤坂の留守歩兵第一連隊（通称は赤坂連隊。東京市赤坂区檜町（ひのきちょう））では、第一師団の高級幕僚であった加納治雄大佐を連隊長とし、東京市内在住の将兵によって歩兵第百一連隊が編成されたのだった。

ちなみに連隊とは日本国内各地に所在し、平時は徴兵された兵士の訓練を行なう。有事の際には、現役の兵隊から戦闘部隊を編成し、予備役兵から新設部隊を編成することもある。二つの連隊で旅団を編成し、歩兵旅団二つを基幹として、戦車兵、騎兵、砲兵、工兵、輜重兵などの部隊が加わり、師団を編成する。師団が複数集まることで軍を編成するわけである。

さてこの一九三七年に編成された特設師団は、予備役の将兵で編成された関係上、装備は一昔前の大正期の兵器が中心だった。この将兵に対して短期間で最新兵器に基づく教育を行なうことは不可能である。その一方で、このような動員ゆえに、最前線への迅速な特設師団投入が可能になったともいえる。この迅速さこそ日本の徴兵システムが世界に冠たる由縁であった。

特設師団にて戦地へ送られた兵士は東京周辺でも二万人前後いたことを労作『東京師団』全三巻を著した畠山清行は示唆している。戦地に向かったこの師団を、新聞各社が熱心に取材したのは当然といえるだろう。

第三ランタンタン号は軍馬勝山号として、当時の中国戦線で最も注目すべき戦場に送られた。この師団に属する部隊で、部隊長の馬になったことは決定的な意味を持っている。ただ軍馬として採用される過程のエピソードも含めて、その経緯については後ほど紹介することにしよう。

さて上海での攻防に際して、中国側は短期間で日本軍を撃破できると考えていた。装備面での日本軍の立ち遅れは歴然としていた。だが中国側の予想を超える速度で日本軍は兵力を投入した。そのことが、この第二次上海事変での日本軍善戦の要因であるとみなす説も存在している。

一頭の軍馬が誕生するまで

事変の拡大はさらに大量の軍馬を必要としていた。年度ごとに購入し教育する育成馬だけでは、その数は大いに不足する。民間から優良な軍馬を買い上げる購買壮馬（こうばいそうば）の大量買付けは全国的に行なわれた。陸軍が各地から、軍用に適する馬を買い上げたのである。第三ランタンタン号は陸軍によってこの時期に大量に買い付けられた中の無名の一頭だった。

ただ、軍馬はきわめて大事に扱われたことを確認しておきたい。出征するまでも十分に緻密に管理されていた。ここでは人間の戸籍との対比で考察していこう。

人間には戸籍がある。国民皆兵であった当時は、成人男子には兵役の義務があり、所定の年齢になると、戸籍を基にして徴兵された。

それと同じく日本国内の馬には馬籍が存在していた。馬籍法（一九二二年施行）によって管理されていた。伊澤信一『馬』によると、馬簿には一頭ごとに馬の履歴が記載され、馬の移動とともに、常に所在地にて管理されていた。

馬籍に記載される内容は、名称、性、種類、毛色、特徴、産地、生年月日、体格、飼養場所、所有者の氏名名称、所有者の住所又は居所、管理人あるときは管理人の氏名及び住所又は居所、履歴の計一三項目だった。人間の戸籍よりもはるかに具体的な情報が記されている。

馬の戦地への徴発は、どんなシステムになっていただろうか。

馬匹(ばひつ)徴発事務細則（一九一五年、陸軍省令）によって、召集する師団長から各市町村を通じて馬の管理者へ馬匹徴発告知書が通達される。馬主はこれに従って所定の期日に徴発会場へ馬を連れて行かねばならない。

もし、理由なく徴発に応じない場合には、市町村長には警察や憲兵隊に報告する義務があった。きわめて厳格な制度であったことは明らかである。こうして地方の馬は購買壮馬として、軍へ買い上げられていったのである。

さて種馬にはなれなかったランタンは、いかにして軍馬になったのだろうか。

一九三七年（昭和一二年）九月二日、軍馬徴発令書（正確には「馬匹徴発告知書」）が役場より届いた。『遠い嘶き』の基になった草稿『馬よ嘶け（軍馬勝山号回想記）』には以下の過程について描かれている。

九月五日には愛宕村の会場に出頭せねばならない。家庭内での不安がにわかに強まっていったことが描かれている。

「調教もしない新馬だから戦場へは連れていかないんだろう」

「内地の部隊で暮らすことになるんだろう」

「そうだそうしてくれるだろう」

「そうあってほしい」

家族の何人もが口々にそう語った。

伊藤貢は唐突な指令に憤慨していたという。だが冷静に考えれば、徴発された馬が戦場に行かないという可能性はまずありえなかった。家族はその二日間仕事も手につかず、ランタンの行く末を案じていた。

「ランタンやお前な、軍馬になるんだとさ」

ランタンは耳をそばだてて優しい目を向ける。

「騎兵隊だったら敵さ向かって進まねばなるめえ。野砲隊だれば大砲を輓(ひ)かなくてはなるめえし。もし、支那さいっても鉄砲だまのこねえところに居るようだとよかんべえなあ」

ランタンに付きっきりでそう語り続けたのは貢の祖母だったという。

「ランタンよお、兵隊さんに可愛がられるようになれよ」

母もランタンの耳元に囁(ささや)いていた。

ちなみに出征前日に撮影されたランタンの写真をご確認いただきたい。蹄鉄所前で小沢新

出征直前、小沢新左衛門氏と岩谷堂中町の蹄鉄所前にて

太郎子息新左衛門氏との撮影である。

出発の朝が来た。

「ランタン、お前の寝床を忘れるんじゃないぞ。みんなの声を覚えておけな……じゃ外に出ようか」

内庭に引き出し、手綱（たづな）を首に掛けたまま二、三分ランタンを見つめて、貢は先に立って外庭に出たという。だが付いて来るはずのランタンは、ほの暗い厩（うまや）の内庭にじっと立ちつくして動こうとしなかった。これまで一度も見せたことのないランタンの行動である。貢の胸は熱くなった。

ランタン号の出征

九月五日、ランタンは家族の盛大な見送りを受けて出発した。

親戚七名による自転車隊が付き添うことになった。江刺郡愛宕村の北上川河畔（現・愛宕地区民グランド）で徴発検査を受けた。この検査は歩兵第一師団（東京）によって行なわれた。

この検査では次々と乗馬、駄馬、輓馬と、砲兵や輜重部隊の馬へと振り分けられていく。いよいよランタンの順番が回ってきた。

「歩兵隊乗馬　甲」

その判定が下ったことで、会場内はどよめいた。軍馬になること。乗馬としての徴発が正式に決まった瞬間だった。乗馬には将校も乗る。軍馬としての花形コースであると言ってよかった。

検査後は、習志野連隊の騎兵が徒歩で同行し、伊藤貢に付き添われて、黒沢尻停車場（現・北上市）まで移動することになった。東京まで貨車での移動である。

これから未知の場所に行くことを察知したのだろうか。ランタンは乗車時に係の兵隊たちに抵抗した。下士官兵たちの視線が集中したこの場面で、貢はすぐにランタンをなだめてすんなりと乗車させた。その手ぎわ良さでほめられたという。

現在は車で馬を運搬している。だが当時は貨車輸送に頼るしかない時代だった。

列車輸送付添人に任命され、赤坂の連隊まで同行することになったのは、新三郎の甥・遠藤政治である。その回想によると、貨車には五頭の馬と人間二人だった。四貫もある氷を車内に吊り下げて。夜七時過ぎに軍用列車は発車。深夜に小牛田駅に停車し、その後は郡山、大宮、赤羽の各駅。いずれも給水と馬糧配給、巡回診察が行なわれていた。午前三時ごろ到着した新宿貨物専用ホームは真昼のように明るいので驚いたという。

この時、新宿駅で三六〇頭あまりの軍馬を受領したのが、秋山袈裟郎獣医軍曹（当時、伍長）だった。後に戦地で勝山号の看護に尽力し、命の恩人となった人物である。

黒沢尻停車場からの貨車輸送は、世間には伏せられた輸送である。全国からこうして軍馬たちが集められたことになる。ランタンもその一頭だった。新宿駅で下車した後に赤坂の連隊に到着した時点で、にわかに緊迫感が増したことを政治は書いている。

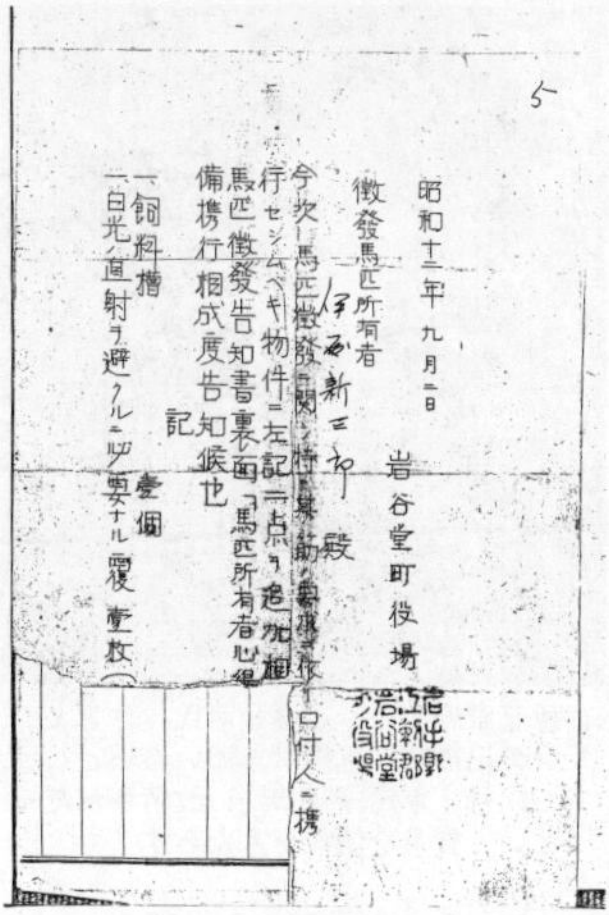

「ただいまから営門をくぐるが脇見をしないこと、私語をつつしむこと、担当馬から離れないこと」

そう言われた後で、ボタンをはめろとか腰の手拭いを隠せなどという指示まで受けて服装を整え、赤坂歩兵第一聯隊と記された営門をくぐったのだと

ランタン号出征に際し、口付人（同行者）に対し、必要な物品を準備するよう指令する岩谷堂町役場文書

いう。

遠藤政治は、「勝山号」と書かれた札のある杭にランタンがつながれたのを見逃すはずはなかった。一瞬不思議に思ったが、兵士から勝山号と命名されたのだという説明を受けて納得した。

これはきわめて興味深く重要な証言である。伊藤家ではこの遠藤政治からの報告によって、軍の公式発表以前にランタン＝勝山号であることを承知していた。軍の厳格な機密保持を考えれば奇跡に近いできごとであったと言えるだろう。

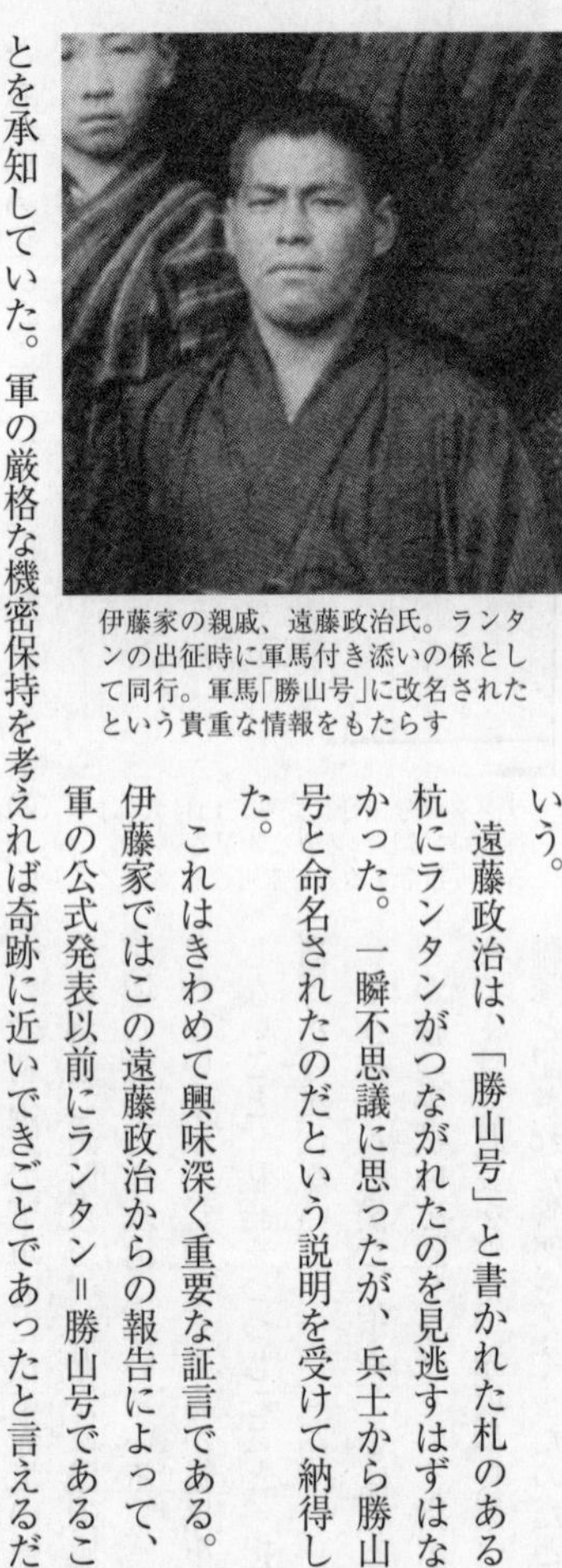

伊藤家の親戚、遠藤政治氏。ランタンの出征時に軍馬付き添いの係として同行。軍馬「勝山号」に改名されたという貴重な情報をもたらす

勝山号という名前を付けたのは、加納部隊付獣医中田昌雄少尉（当時）であった。

軍馬の基礎知識

二〇年前ならば、明治・大正生まれの人はかなり多くご健在だった。戦中派世代で健在な方々はきわめて多数で、軍馬を直接知る人の比率は現在よりもはるかに高かったのである。しかし現在ではリアルタイムで軍馬を見たことがない人が圧倒的多数だろう。身近な農家で

飼われている馬に出会ってきた人も若い世代では少数だろう。軍馬の基礎知識について解説しておきたい。

勝山号は歩兵隊乗馬甲に区分された。まずこの点について解説しておきたい。荷物を運ぶ馬ではない。将校の乗馬であり、一番優秀で美しい馬がこれに選ばれるのだった。

軍馬は大きく三つに分けられる。乗馬（じょうば）、駄馬（だば）、輓馬（ばんば）の三種類である。

乗馬は人を乗せる馬。将校乗馬と騎兵乗馬がある。

駄馬は荷物を背負う。山砲（さんぽう）駄馬と輜重駄馬の二種がある。

輓馬は荷物を引く。砲兵輓馬と輜重輓馬に区分される。

（区分は『最新図解陸軍模範兵教典　全』による）

なお、陸軍は一九三八（昭和一三）年六月以降、馬政当局に戦列駄馬（駄載可能な万能馬）の生産に重点を置くように要請していた。戦争の様式が変化し、乗馬騎兵や馬編成の砲兵の軍馬ではなく、困難な地形での輸送手段としてあらゆる任務に使える軍馬が重要視されたからである。

勝山号は最終期の乗馬としてその存在意義が認められたことになる。

勝山号はどの程度の大きさだっただろうか。それは馬籍に示されている。調教師だった小池政雄氏は一メートル五三センチ、四二〇キロと著書で記しているが、どの時点での数字かは不明である。ちなみに戦地における望ましい馬格は、乗馬が体重約四四〇～四六〇キロ、駄馬が体重約四二〇～四五〇キロ、輓馬が体重約四八〇～五〇〇キロとされていた。

馬の負担量（乗せる重さ）はどの程度可能だったか。『馬時提要抜粋』では、乗馬が体重の約四分の一以内。駄馬が約三分の一以内。輓馬の輓曳量（引く力）は体重の約四分の三以内が適当とされていた。

勝山号は乗馬である。軍馬甲功章受章時の写真を見ると、額には甲功章、背に（大正）一四年式乗馬具を装備し、携行天幕（テント）や鞍嚢（鞍の両側に下げる革袋）など各種の装備品が確認できる。仮に乗馬の体重を四五〇キロ程度までとみなすにしても、馬具などの重さまで含めると、飛び抜けた巨漢を長時間乗せ続けることは馬に過剰な負荷を強いることになるだろう。なお、勝山号の体重と、馬具の重量総計に関する一次資料はいまだ見出していない。

駄馬は荷物を背負う馬で同時に山砲（分解式の大砲）部隊でも用いる。日本軍の代表的な四一式山砲（連隊砲）は、砲車重量五四〇キロもある。これをそのまま運ぶことは無理であり、分解し馬六頭で駄載する。一番重いのは砲身部分で約一〇〇キロある。また、他に一門あたり一〇〇発の砲弾が用意されており、榴弾六発入り約六〇キロの弾薬函二箱を馬一頭が背負う。かなり重いが、これでも小柄な日本の馬に合わせての設計である。中華民国軍が使ったスウェーデン製ボフォース山砲は七五〇キロもあった。

砲兵輓馬は野砲兵部隊の馬。当時の師団砲兵の主力兵器である改造三八式野砲は行軍状態だと、砲車と前車（即応弾三六発）合せて計一九〇〇キロになる。砲手五名が乗車し、これを馬六頭で引く（さらに、うち三頭の馬には馭者が騎乗する）。

陸軍は三八式野砲から改造で二〇〇キロ重くなった砲を六頭編成のままにした。計算上は大丈夫なはずであった。しかし中国大陸は国内とは比較にならぬ悪路で、砲兵隊が敵を追撃していった後には、極度の疲労で息絶えた馬の肢体が累々と横たわっていたと言われている。

丙

第　號　徴發馬匹受領證票　昭和　年　月　日

馬匹所有者現住地氏名

口付人現住地氏名

性　毛色

徴發月日　昭和　年　月　日

買上代

徴發馬匹差出場所名　下川原

第一師團馬匹徴發委員長
陸軍砲兵大尉　塚本堅司

本證票（丙部）ハ馬匹徴發委員長ヨリ郡市區長ヲ經テ馬匹所有者、管理人又ハ總代人ニ交付スルモノトス

「徴発馬匹受領証」。勝山号が第一師団の買い上げと分かる

戦場でも軍馬たちは緻密に管理されていた。馬糧や水の補給は兵士の重要な任務だった。負傷や病気に際しては、治療が施された。そうであっても、すさまじい重量の兵器を運搬することは馬たちの健康を損ねることになった。

兵器の進歩はめざましかった。だがその結果として、重量を増すのは避けがたかった。結果として馬たちに甚大なる荷

重を強いたことは明らかである。

輜重とは、軍の輸送部隊である。戦略単位である師団には専門の輜重連隊があり、装備が優良な部隊は、自動車と輜重輓馬（輜重車という荷車を引く）で構成されていた。また、駄馬編制の師団（砲兵装備が山砲である）は駄馬で輜重部隊を編成している。この輜重兵こそ駄馬や輓馬との関係で最も重要な役割を果たしたのである。

軍馬重視は時代錯誤だったか

さて一九三〇年代における列強の軍事戦略の変容と日本での展開については第一章で言及した。ここで勝山号からしばらく離れて、第一章とは別の文脈で軍馬と戦争について光をあててみたい。

軍馬を偏重し続けた日本陸軍を批判する人は多い。旧態依然たる戦争指導の象徴として、論者の中では「常識」となっているかもしれない。陸軍の戦争指導をきびしく検証する点については、筆者も同感である。兵站の軽視なども巨大な錯誤であったことは明らかである。ただ軍馬を重視し続けたという点については、時代遅れとの批判だけで良いだろうか。より大事なことは仮に旧態依然たるものであっても、それが放置された要因を検証することであろう。

これは自戒をこめて書いているが、戦争や軍事について知識の豊富な人に限って、一般市民の存在を忘れがちになる。一九八二年生まれの筆者の同級生には、そもそも昭和の戦争について強い関心を持つ者は稀だった。また教科書での戦争に関する記述は抽象的だった。軍事史や兵器についての記述などは皆無である。歴史を教える先生方も戦争の実像を実体験として知り得ない世代の人たちだった。読者は思い出してほしい。火縄銃から原子爆弾までの四〇〇年間の兵器の進歩と変遷は、歴史の教科書にどのくらい分量があったのか？　第一次世界大戦で飛行機や毒ガスに触れた教師が居れば立派な方ではなかろうか（ごく個人的な体験を述べれば、軍隊にこだわる私のために、先生方には苦労をかけて、比較的充実した授業を受けてきた記憶がある）。

近現代史教育の立ち遅れについてはよく指摘されている。日本の戦争について軍事史の観点を踏まえて学ぶ機会は、高校まではきわめて限られているのだ。それだけに、こと軍事史についてはていねいに問題提起をしなければ、一般市民には全く理解されないことを自覚しておきたいと考える。

後述するように、近代日本にきわめて例外的な一時期が存在していた。軍馬や騎兵の有効性を問いかけ、きびしく軍備削減を求める声が社会にあふれていた時期である。軍の内部からも、もっと効率的で近代的な軍備を持つべきとの意見は提起されていた。陸軍内部に多様な認識は存在していた。

現在では約一〇〇年前のその時期を記憶する者は皆無に近いが、その時期に日本の軍部と陸軍に何が問われていたかという主題に接近していくべきであろう。それを概観するための前提として、第一次世界大戦に再度立ち返りたい。軍事史・戦争史の巨大な転換点であるこの大戦からくみ取れるものは、無限に存在している。

映画「戦火の馬」に描かれた第一次世界大戦

スピルバーグ監督の映画「戦火の馬」(原作はマイケル・モーパーゴ『戦火の馬』)は、この戦争を考える上で恰好の教材である。さまざまな戦闘場面が描かれている。馬も大事な役割を果たし続けた。ただ騎兵の時代の最盛期は終わろうとしていた。新兵器の台頭からもそれは理解できよう。

ナポレオン時代にはサーベルや槍による騎兵部隊の攻撃も巨大な破壊力を有していた。だがこの大戦では、歩兵のライフル銃や機関銃で殲滅されてしまうので有効性を弱めていた。歩兵が敵陣になだれ込む戦術も、機関銃などを前にして効果は小さい。とはいえ映画も描くように、旧式の戦術であっても時には選択すべき局面があった。

塹壕戦に注目が集まった戦争だった。ただそれは堅塁とはいえない。敵の砲弾や銃弾が飛び交う恐怖によって、精神に変調を来す兵士は続出した。塹壕を破壊して、敵兵を塹壕から追い出すことは勝利への鍵を握っていた。歩兵用の迫撃砲と手榴弾が重宝され、毒ガスも使用された。塹壕戦にふさわしい武器だった。

軍用トラックは大いに活躍している。塹壕戦で相手を圧倒し、各種砲弾の火力を粉砕できる戦車も登場し始めた。この映画にもイギリス軍の菱形戦車が登場する。主人公の馬を追いつめている。無限軌道（キャタピラ）であらゆる地形を突破し、装甲で弾丸を跳ね返し、搭載火器で機関銃座を粉砕する。まさに近代工業と兵器技術の精髄は、怪物のような戦車となって立ち現われたといえよう。

もはや最前線で騎兵の活躍する余地はなくなっていた。それがこの戦争の意味でもあったのだ。ただ第二次世界大戦やベトナム戦争以降の現代戦の凄惨さとは異なる戦争として、スピルバーグは第一次大戦を描いている。後世の戦争とは異質の空間がありえたことを表現している。その視点によって、馬を主人公に映画を制作できたのだろうか。

ただ映画には描かれていない主題も意識しなければならない。戦争はどの時代でも数多くの悲惨を体現している。たとえば塹壕戦で精神を病んだ兵士をどう見ればよいのか。それは塹壕戦の悲惨さの象徴としてのみとらえるべきではない。軍事と兵器の到達点について無知な兵士が、戦場に駆り出されたことの悲劇でもある。火力が著しく強化されている戦場への予備知識も欠いたまま、楽観論を抱いて出征したのが兵士たちの多数だった。

一九一四年の時点で「クリスマスまでに戦争が終わる」「万歳、いよいよ徴兵が来た！祖国の事を考えると勇気が湧くのです」（ヴィットコップ編、高橋健二訳『ドイツ戦歿学生の手紙』岩波新書）と喜び勇んで戦場へ向かった若者たちは、愛国心とナショナリズムの虜となっていた。小銃と銃剣の装備ではこの戦場から帰還できなかったのである。

映画には登場しない話題をもう一つ。自動車の貢献ぶりはめざましいものだった。戦場の後方での動きも重要である。パリの街中のルノータクシーが総動員されて兵士と物資を前線へと送った。ロンドンの二階建てバスも前線へ急遽投入された。これに対して、国境までは鉄道を活用しつつその後は馬に依拠せざるをえなかったドイツの立ち遅れは歴然としていた。

さて以上の情報について、欧州戦線に参戦していない日本でも、戦車や毒ガスなど最新兵器が登場していることについては、軍幹部たちも把握していた。知識はあったのである。しかし、それに対応して日本陸軍として何を選択していくかについては、後手後手を踏んでいくことになる。

軍馬や騎兵も批判された時代

第一次大戦の終結後の一九一九年一月、パリ講和会議でヴェルサイユ条約が締結され、ドイツの敗戦処理がまとめられた。これによってドイツは国土の一定部分を失うことになった。

このヴェルサイユ体制は、第一次大戦後の国際秩序として最も著名であるが、同時にワシントン体制（一九二一年一一月のワシントン会議）は、東アジアや太平洋地域に関わる国際秩序としてきわめて重要である。

この会議を主導したアメリカの思惑は、この地域で台頭する民族主義に対処し、中国の門戸開放を実現し、日本への牽制を行なうことだった。海軍軍縮条約によって、アメリカはイギリスと同等の海軍力を保有できることになった。一方、日英同盟は解消されて日本の国際的孤立は高まった。山東省の権益も失うことになった。

ヴェルサイユ体制とワシントン体制。この二つの体制の下で、国際的な軍縮の気運は高まっていく。日本国内でもその声が高まっていく。軍人や軍部に対する批判が、公然と主張され始めた。軍備縮小の気運が高まる稀な時期であった。この時期について、正確な認識を持っていきたい。

以下のイメージで、戦前日本の軍人と軍部をとらえている人も多いのではないか。富国強兵によって、明治以後一貫して軍人は強い存在感を持ち、軍部は政治勢力として強化され、軍事費は突出してきたとの理解である。もちろんこの認識で説明しうる時期も長い。だがワシントン体制下ではそれと真逆の状況が続いたのである。

ワシントン軍縮会議の前から、陸軍の軍縮を求める声は新聞紙上でも高まった。その数年前に軍備拡張の論陣を張っていた新聞の主張まで急速に変貌していたのである。

陸軍省直轄の陸軍幼年学校、工科学校、経理学校、軍医学校、獣医学校等の廃止論まで登場してきた。その頂点となったのは、一九二二（大正一一）年の第四十五帝国議会だった。全会一致で軍縮建議案を可決。軍縮と軍政改革の試案を発表した。

当時の東京日日新聞にはこの議会についてきわめて興味深い総括的な記事が掲載されてい

る。

四十五議会の印象としては、かつては軍人でなければ人間でないやうに思われたこの国に、且、三ツ児がべそを掻くと「兵隊さんになれぬよ」とたしなめるこの国に、公然と軍備縮小論がまがりなりにも具体的成案として提唱せられた一事である、——帝国の進歩して行く道程に、明らかに一新紀元を画したものとして、われ等は、この「第四十五議会」の名を将来に記憶したい。(「顧みた四十五議会（完）」一九二二年四月八日)

一つの議会でこのような特徴が示されたことは空前のことである。それは第一次大戦での火力の進歩、軍の科学化、機械化の進展に対応していた。なにせ陸軍が軍閥として攻撃され、激しい批判に直面していた時代である。軍服を着て表を歩くことに躊躇する軍人がいたことも今に語り継がれている。

歩兵や騎兵も槍玉に挙げられる筆頭だった。金のかかる馬を平時から飼い続けていることへの疑問も社会の各層から提起されるようになった。

しかしよりていねいに検証していくと、騎兵に関する改革案や批判は、ワシントン体制のかなり以前から陸軍内部で提起されていたことが判明する。早くも一九一五（大正四）年から第一次大戦を受けての議論は開始されている。騎兵廃止論は、一九一九（大正八）年に参謀本部の国司伍七少将によって『偕行社記事』において提起された。すでに騎兵による乗馬戦は時代遅れになっている。もし必要ならば歩兵の一部を乗馬歩兵として位置づけよとの意見である。この意見に対しては反論も殺到して、激しい議論になった。今なお乗馬戦を主要戦闘手段として位置づけるべきだという意見も含めて強い反論も提起された。国司少将も重ねて反論を展開した。

この激論が思わぬ展開を遂げたことは、後に述べることにしたい。

さて騎兵をめぐる早期からの議論も示しているように、この大正期においては軍の内部からも軍の近代化を求める声は相次いでいた。第一次世界大戦の影響の大きさは、ここにも示されていたのである。意識的に改革せねば、将来に禍根を残すという軍内部の危機感は正当なものであった。

国際的にも軍縮が時代のキーワードであった。それを受けて新聞や雑誌でも軍縮論は活発化した。さらに一九二三年の関東大震災は未曾有の国難として、日本社会に大きな爪痕を残した。したがって、このような経済的社会的危機が強まる中で、軍事費への多大な出費はもはや許されないという主張も、説得力を持って語られたのである。

以上の動きがどれほど強かったかは、実際に二つの軍縮が実現したことに示されている。山梨半造と宇垣一成という二人の陸軍大臣は、軍縮を実現する立役者となった。

山梨軍縮（一九二二年と二三年）は陸軍初の軍縮だった。六万人の将兵と一万三〇〇〇頭の軍馬が削減されている。一方、宇垣軍縮（一九二五年）では三万四〇〇〇人の将兵と軍馬六〇〇〇頭が削減された。その費用によって、陸軍装備の近代化が図られた。

勝山号が育った岩手県内では、現在の金ケ崎町六原にあった陸軍白川軍馬補充部六原支部が、この宇垣軍縮で廃止されて、馬は民間に払い下げられることになった。

軍縮による前進面は存在した。身を削った予算で、戦車隊・高射砲隊の設立、航空隊の拡充などが実行され、最低限の近代化が図られ、馬を扱っていた輜重兵の中から、初期の戦車導入や自動車学校設立に関わって日本陸軍の機械化を支える担い手が登場していく。

騎兵廃止論は何を生み出したか

この二つの軍縮をもたらした大正期の動向について、その光と影をリアルにとらえる必要がある。陸軍の戦争指導、その装備や戦術についても、実はこの大正期だけに議論がなされたわけではない。一九四五年に至るまでに多くの議論は提起されていたのである。そうであっても、近代日本で軍部と軍拡の内実が初めて本格的に問われた時期として大正期に注目しておきたい。

ちなみに、筆者は軍縮が無条件に是であるとの立場ではない。また軍馬はきわめて重要であるが、軍の近代化、装備の効率化を進めることは緊急の課題であると考えている。軍馬や騎兵についての見直しが求められていたことは当然だと考えている。

その上で、この大正期においても現代においても、この社会で腹蔵なく自由闊達に議論することはきわめて至難であることに思い至る。とりわけ陸軍のような上下関係が歴然としている組織においては、発言者が誰であるかによって重みは決定的に変わってくるのは避けがたい。

実は先に紹介した騎兵廃止論をめぐる議論も、思いがけない展開となった。侃々諤々（かんかんがくがく）の議論はなされたが、その結末は生産的な結論を生み出せなかった。その意味で、一つの象徴的なエピソードであるともいえよう。

騎兵廃止論をめぐる論争が高まる中で、一つの悲劇がもたらされた。乗馬戦闘用の騎兵廃止論に対して、馬を愛せとの教えを守ってきた何人もの騎兵将校は必死の反論を試みた。その先頭に立ってきた吉橋徳三郎少将は自殺に追い込まれた。吉橋少将は日清戦争でも騎兵第一大隊長の秋山少佐の指揮下で奮闘している。明敏優秀で将兵から慕われてきた実直な人柄ゆえに、騎兵廃止論で精神的に追いつめられたに違いない。一九二〇（大正九）年八月、騎兵第四旅団長として抗議の割腹自殺をしたのである。

この事件によって、騎兵排撃論もやや下火になってしまった。そもそも軍の未来を真摯に憂えての騎兵廃止論だったのか。感情的な批判でなかったかどうかについても問われるべきであろう。

さらに問題なのは、その後の展開である。一人の高級軍人の死によって、より長期的な視野に立った議論も先延ばしにされていくことになった。一九二二年の騎兵操典の改正で、乗馬戦を主戦闘法としてきた規定は変更された。ただ騎兵の機械化や装甲車、戦車の使用については立ち遅れることになったのである。

たとえば一九二二年に帰朝した笠井平十郎中佐は、欧州における騎兵機械化の機運を述べて、その研究の必要を説いた。だがそれを受けとめたのは秋山好古将軍のみ。「ヨーロッパかぶれ」「新しがり屋」などと冷笑されたという。翌年に柳川平助大佐はフランスの戦車の現状について報告し、騎兵の機械化について問題提起をしたが、積極的な関心を持たれなかったという。

『日本騎兵史』に紹介されているこれらの事例を見ても、騎兵廃止論によって始まった論争は、結果としてより実質的な騎兵改革には容易に結実しなかったことを示している。

時代状況としては、軍部への批判と反発の存在は簡単に消えるものではなかった。第一次大戦後の不況は深刻であり、関東大震災の直後ゆえに多額の軍事費が容認される時期ではなかった。騎兵の将来像を別にしても、陸軍全体の装備をどう見直していくかは、国の一大事として引き続き強い関心が持たれていくのである。多くの指導者たちがそれを模索した上で、海軍軍縮に次いで陸軍の装備は見直されていった。

山梨軍縮、宇垣軍縮に至る過程には、陸軍内部のさまざまな力学が反映されていたことは明らかである。もちろんどの時代でも議論を尽くした上でなお、百点満点の改革案を提示することは不可能であろう。ただ感情的な議論や状況への追随だけが優先されてしまうと、必然的に長期的な目標を見失っていくことになる。

それでは宇垣軍縮から満州事変をいかに展望していくか。これまた難題である。ワシントン条約締結の一九二二年を軍縮元年ととらえるならば、一九三〇年のロンドン海軍軍縮条約については、それとは正反対の動きが表面化していく。浜口内閣は軍縮による軍事費の削減を実現するとの立場だったが、海軍の予算を大幅に削減するものだという批判は海軍内部からも強まった。また天皇の承諾なしに、軍令（統帥）事項である兵力量を勝手に決めたのは憲法違反であるという立場から、「統帥権干犯問題」として大問題になったことは周知のとおりである。

ここに後年の軍部独走の源を見出す論者も少なくない。軍部・政党からの反発、同時に社会の各層から浜口内閣の姿勢に対して批判がわき起こる。かつて宇垣軍縮を受け入れた軍人たちも激しい反発を示したことは、軍縮が大々的に主張された大正期との著しい変化を物語っていた。

翌年の満州事変以後は完全に社会は一変していく。軍備拡張と社会の軍国主義化に対して、反対の声はきわめて少数だった。新聞社や地域社会の指導者、庶民もこの戦争を支持して、国防献金や献納運動に打ち込んでいく。社会のドラスティックな転換は明らかになっている。この間の軍部と社会をめぐる世論の変転については、さらなる深い解明が求められているだろう。

満州事変における装備の近代化

さて満州事変の軍事史的意義を確認しておきたい。臨時軍事費が大幅に増加され、装備の全面的な近代化が推進されたことに注目したい。軍馬のうち、駄馬と輓馬にとっては大問題である。明治期の歩兵とは比較にならぬ重装備を兵士たちに強いることになり、軍馬にとっての負担増になったのである。それは戦術の変化と密接に関わっていた。

戦術単位は日露戦争時の中隊（一五〇名）から、分隊（一五名）になり、軽機関銃／擲弾筒を中心に、一五名の分隊員が敵陣地に浸透する戦術に変更された。その進出を阻む敵機銃陣地を破壊するため、歩兵砲が必須装備となり、九二式歩兵砲が制定され配備された。重機関銃も威力の強力な九二式重機関銃となった。弾丸も戦車、飛行機、夜間射撃などへの対応から通常弾に加え徹甲弾、焼夷弾、曳航弾なども加わった。

戦車に関しては、日本陸軍も満州事変後に九四式速射砲という対戦車砲を歩兵部隊に配備した。また中国大陸の教訓から、城壁に対抗するため、歩兵に砲兵のお下がりの山砲が四一式歩兵山砲として連隊に四〜六門配備。この他、近代戦に欠かせない有線・無線通信装置も増加。ソ連軍の毒ガス攻撃に備え、防毒面や除毒剤、毒ガス検知器など化学装備も加わった。

明治期の歩兵は小銃と食料、若干の土工具で十分だった。しかし満州事変後は完全に様変わりしていたことが明らかである。どの兵器も威力は増した分だけ重量化した。多種多様な弾丸を携行することになったのである。

すさまじい重量化である。この重装備、大量兵器を歩兵だけで担えるはずはない。それを前線へ運ぶ際に、ひたすら軍馬に依拠し続けたのである。

軍馬への依存は旧態依然たる陸軍の戦争指導だと批判され続けてきた。だが装備の変化が示すように、満州事変後の装備は著しく一新されていた。重装備と大量の物資を戦場へと運ぶルートをどう開拓すべきだったか。まだ自動車に頼れない時点での現実的な対応として、軍馬への依存を止めるわけにはいかなかった。

すなわち近代戦の全否定によって、軍馬を偏重したという構図ではこの事態を説明できないのである。軍の近代化をめざす陸軍にとってのリアルな選択肢こそ軍馬だった。軍馬は前近代の象徴ではない。近代化を実現していく軍に大いに貢献した存在こそ軍馬だった。その把握の方が実態に合致しているだろう。

もちろん今日の時点では、当時の陸軍を擁護する必要はない。新たな視点で自由に考察することが重要である。兵器、弾薬、ありとあらゆる物資を運ぶ際に軍用トラックを活用すべきだったという主張は正論である。ただ国内の自動車産業は、満州事変直後ではそれに対応できなかった。海外からの輸入は可能だったのか。一九三〇年代に中国戦線で導入した軍用トラックの故障数もふまえて、何をなすべきであったかを検証すべきであろう。

列強による自動車と戦車の開発

さて時代は少し進む。第二次世界大戦開戦時点に、世界の列強は戦車の開発と自動車をどこまで進めていただろうか。

戦車については第二次大戦開戦のドイツ軍のエピソードは象徴的である。この一九三九年にポーランドに侵攻したナチス・ドイツの装甲師団は、六個師団で二四〇〇両の戦車を抱えていた。対するポーランドも戦車を保有していたけれども、質量ともにドイツ軍の足元にも及ばなかった。

中欧最強を自負したポーランド騎兵旅団は、ドイツの装甲師団と対峙した際に白刃を振って正面突撃を敢行したことが伝えられている。ドイツ戦車が思わず反転したという伝説を生むほどの迫力を持っていた。しかしあえなく壊滅してしまうことは目に見えていた。

生粋の騎兵には、実物の戦車を初めて見る者もいただろう。その存在を理解できない者もいたと思われる。巨大な装甲と無限軌道を備えた破格の兵器に見えたであろうことは疑いない。日本武官の報告では、ポーランド騎兵の中には、ドイツの戦車とは実は紙と布の張りぼてにすぎないと本気で信じこんでいた者もいたらしい。これには根拠があって、ヴェルサイユ条約以後のドイツは一時期戦車の製造を禁じられていた。その時期には、布などで戦車の模型をつくって、それによって訓練していたのは事実である。

ポーランド騎兵は、その情報にとらわれていたのかもしれない。その真偽はともかくとして、長年の騎兵信仰から脱皮できなかった兵士は、この時点での敵の戦力を正視できなかったといえよう。

これには異説があり、最新の研究では、ポーランド騎兵は移動手段に馬を使うのであって、基本的に下馬して戦闘を行なうように近代化されていた。たまたま、騎兵旅団が壊滅した戦場を見に来たイタリア人新聞記者が、騎兵や馬の死体の横たわる戦場をドイツ戦車が往来しているのを見て、ポーランド騎兵が勇敢にもドイツ戦車隊に馬上襲撃を企てたとの「極めてロマンティックな」想像による記事を書き、それがイタリアの新聞を通じて全世界に印象的なエピソードとして広まった、という。グデーリアンの回想録にも戦車隊が騎兵に圧倒されたような記述があるので、長らく史実として伝わってきたとのことである（大木毅『戦車将軍グデーリアン――「電撃戦」を演出した男』角川新書）。

ドイツ戦車部隊の発達に尽力した、装甲兵大将ハインツ・グデーリアンは、ポーランド作戦を回顧した論文「近代戦に於けるモーターと馬」で、この戦争は馬よりもモーターの優位性を明らかにしたと総括している。この文献は日本の陸軍大学校で翻訳され頒布された。

時は戦車の時代へと移っていた。第二次大戦時ではそれが歴然としていた。ただすべての戦場に戦車を送り込めるはずはない。多様な武器によって戦闘は展開されていったのである。

ドイツ軍がフランス侵攻をめざした一九四〇年初夏の戦闘も、戦車との関連で注目された。第一次世界大戦後、マジノ国防相の提議で巨額の国費を投じて建設された独仏国境に延々と続く「マジノ線」大要塞。ドイツ軍の侵入を阻むと豪語する永久築城の大要塞の切れ目ではあるが、少数の人馬のみが戦闘に参加できると思われていたアルデンヌ地方の森林地帯。ここをドイツ戦車部隊が容易に突破したのである。

ベルギー方面に展開した英軍機械化部隊主力とフランス軍のほとんどは裏をかかれた格好となった。その先にまともなフランス軍は存在しなかった。パリへの道は拓けたのである。ドイツ軍の進撃は早かった。戦車部隊、機械化部隊はスピードも戦力であると見せつけるのに十分すぎる戦いだった。ヒトラーの命令でダンケルク手前で停止するまで、ドイツ軍装甲部隊は後方のフランス軍を文字どおり蹴散らして突き進んだのだった。ドイツ軍に対抗し得るべきドゴール将軍に指揮された重戦車を中心とするフランス戦車部隊は燃料不足で間に合わなかった。この「電撃戦」は映画となり、全世界に新しい時代の戦争の形を宣伝する事になったのだった。

続く壮絶な独ソ戦においては、あらゆる形態の戦闘が行なわれていた。その上で戦車を中心とした機甲部隊と空軍が戦局を大きく規定していることは明らかであった。

当時のドイツ軍にて、軍馬は移動と輸送手段としての意義も含めて重要性を失ったわけではない。だが陸軍の主力は戦車を中心とした装甲師団・自動車化師団へと刷新されていたのである。

軍馬か自動車か——日本陸軍の選択

日本陸軍もこれらの動向については当然関心を持っていた。前出の柳川少将は満州事変の翌年に騎兵用装甲車を採用している。一九三三年には騎兵旅団装甲自動車隊として正式に編成化されている。一九三七年の日中戦争全面化以降の時期においては、自動車、戦車、装甲車に関する教育の態勢を整えていた。

国策宣伝雑誌『週報（第一二七号）』内閣情報部編（一九三八年三月二三日）には「戦車と軍の機械化」という論文が掲載されている。以下の記述が注目される。

「（事変で広大な戦域を戦えたのは「全く自動車の賜物」と述べた後）……況(いわん)や馬は、生産より実用迄に少くも五年を要するが、自動車は数ヶ月を以て新車の補充が出来る。それ故に戦争が長びくに従って馬匹の補充は困難となり、好むと好まざるとに拘らず第一線部隊より後方機関に到る迄軍の機動力は自動車に依存せざるを得なくなるのである」

事変とは前年の支那事変のことである。欧米列強には比肩できないとしても、日本陸軍でも自動車を活用したことで、より効率的で機動的な軍の展開が可能になったと診断をしている。執筆者は陸軍技術本部で陸軍兵器の専門家であった。

だがこの論考への反発は強く、反論もいくつか発表されている。長年軍馬に重きを置いて、馬政計画を推進してきた立場からの反論であった。

だがドイツ軍など列強が進める新時代の軍事戦略を、さすがにこの時点では陸軍首脳も拒むことはできなかった。大胆な決断が求められていたのだ。

こうして一九三九年のノモンハン事変で、ソ連の機械化装甲戦力の威力を痛感したこともあって、一九四一年に陸軍は機甲本部を設置。すでに支那事変（日中戦争）以降、予算獲得によって戦車は大増産体制に転換しており、それに先んじて一九二九年には最初の国産戦車が開発されていたことも見逃せない前提として存在していた。

これらの準備があったからこそ、日米開戦の一九四一年時点で日本陸軍はアジアで随一の戦車大国へと成長できたのである。世間ではさほど認識されていないこの事実を強調しておきたい。

その一方で、常設の騎兵旅団は一九四二年に一個を残して解体・再編されている。すでに騎兵の一部は機械化されており、騎兵は戦車兵と合わせて機甲兵となっていた。師団の騎兵連隊も機械化され捜索連隊となっていた。

第二次世界大戦中、完全な自動車化師団を装備できたのは、アメリカ軍とイギリス軍だけである。なおも各国で軍馬は存在し続けていく。とはいえ世界史の中で、軍馬が輝いた時代は終焉を迎えようとしていた。

さて角度を変えて、この時点での日本軍の特徴を確認しておきたい。

アメリカ軍の調査では、日本軍の一個師団（人員二万四六〇〇名）は、軍馬七九三〇頭、自動車類二八三輌が定数であった（『日本陸軍便覧一九四四』）。

その一例として、岩手県の郷土部隊である弘前歩兵第五十七師団「奥」（野砲編制）は兵員一万九四七六名に対し、軍馬（乗馬・輓馬・駄馬計）五九〇一頭、自動車一九一輌であった。これは定数で実際にはさらに少なかっただろう。

また、『自動車部隊使用〇監督指導ニ関スル若干ノ参考』（一九四一年）には馬匹と自動車で輸送する比較表がある。歩兵一個連隊を輸送するのに必要な自動車数は三七九輌。これを軍馬に置き換えると、乗馬六匹、車輌馬匹六一九匹の計六二五頭が必要である（自動車は一・五トン積自動貨車〈トラック〉で換算）。

馬と比較すれば、自動車の優位性は明らかだった。標準的な日産八〇型自動貨車は、一五〇〇キロの荷物等を運送でき、駄馬にすると一〇頭分以上の能力を持っていた。しかも、路上を時速四二キロで走行できた。ただし、戦闘での一日当たりの故障率は高く、戦車三〇パーセント、装軌車輌（牽引車）二〇パーセント、装輪車（トラック、乗用車）一〇パーセントという統計が残っている（『機甲車輌整備ノ参考　上級幹部用』）。

輸送力という一点で、戦場での馬の存在価値が低下していくのがうなずける。

輜重第五十七連隊に所属した親戚の話では、自動車の決定的な利点は、敵の銃砲撃を前にしても（馬のように）暴れないこと。さらに水と馬糧を日々必要とする馬とは違って、戦車や自動車は使用しなければ燃料は減らないのが利点である。いずれも自明の論点だが、説得力ある証言をしてくれた。

勝山号の血統をめぐって

さて軍事史・戦争史の話から、ようやく勝山号の話題にもどってくることになった。まず虚心坦懐に勝山号の写真を見ていただこう。日本古来の在来馬と異なる体型であることは明らかだろう。

アングロノルマン種はフランスのノルマンディー産の馬とサラブレットの交配で生まれた。体格がよく、軽快に歩み、上手にスピードを出して、持久力に恵まれていることが特徴である。

勝山号の血統は、馬籍や軽米町側の記録から父＝「アノランタンタン号」×母＝国内産洋種「第二高砂号」とわかる。父の名前からしてアノ種＝アングロノルマンであることを示している。母方の父＝「アノ・エコッセイ」でアングロノルマン。母＝国内産洋種「高砂」で国内馬と洋種の交雑種であり、それ以上についての記録はない。

すなわち、第三ランタンタン（勝山号）から見て、祖母のみが日本馬と血種不明の外国馬の血統で、残りはみなアングロノルマンの血が入っておりアングロノルマン系であることは疑いない。

母方の血統はすべて明瞭ではないという一点で、一部の方は想像力をはばたかせてしまう。勝山号は地元岩手県の南部駒の形質を残した末裔ではないかとの主張も唱えられている。個人の自由なイメージを頭から否定するつもりはない。ただその説は説得力を持っているだろうか。何代も洋種と交わってきた馬が、南部駒の血を受け継ぐことをいかに論証できるのか。

むしろ話は逆だろう。国策で大きな馬を作るために、全国各地で在来馬は絶滅させられてきた。南部駒も同様の歴史をたどってはるか後に、第三ランタンタン号は誕生してきた。そう見なすことこそ自然だろう。

血統も体型もそれを示している。飼料の好みについて第三ランタンタン号がぜいたくであったこと。大豆などを好んでいたことについても飼育者の伊藤貢が記している。

さて、アングロノルマンについて若干補足したい。この馬の先祖はアラブ系とスペイン系の混血ともいわれるが、フランス北西部ノルマンディー地方が原産である。ノルマンディー公の領地に生産された馬と言ってもよい。フランス革命時に分割された五県において、カルバドーズ、マンシュ、オルヌの三県から産出される。

原産馬は重輓馬（トレー）、ポスチェ（小型）、軽輓馬（アトラージュ）だったが、最後のアトラージュが主力となった。一七七五～一八一六年ころにサラブレット種を加えて軽量化がはかられてきたが、ほぼ同時期のナポレオン戦争によって大量の馬が徴発され尽くしてしまい大打撃を受けた。

次いで一八一六～四〇年に英国馬が多く輸入され、アングロノルマンの形が整ってきた。一八四〇～六〇年にノーフォーク・トロッターが輸入され、ノーフォーク・フェレメン号がアングロノルマンの祖先になったといわれている。

その後さらに馬車用のカロシェ型、乗用のセル型、農耕用のコブ型、競馬で活躍するトロッター型に分かれる。セル型は戦前のフランス政府によって騎兵乗馬に最適として奨励された馬種だった。

正確な分類は難しい。あえて言えば、勝山号はアングロノルマンのセル型かこれに近いコブ型として歩兵隊乗馬甲という軍馬としての一番花形の地位を得たのだと思われる。

次にアングロノルマン種はどのようにして本邦に伝えられただろうか。

本邦へのフランス馬導入の歴史は古い。幕末の一八六三（文久三）年、一四代将軍徳川家茂の時代に伝染病でフランスの蚕が全滅した際に、江戸幕府が代わりの蚕紙を贈ったことへの返礼としてナポレオン三世からアラビア馬（サラブレットとも）一六頭（二六頭という説も在り）が贈呈されたという記録が残されている。

この記述を根拠にして、新たな夢が語られていることに注意しておきたい。勝山号＝ナポレオンの乗馬の子孫であるとの説である。近年では、岩手県の出先機関までがこの説を紹介して刊行物を発行している。ナポレオンと血がつながっていると紹介すれば、たしかに人目を引くだろう。人びとの関心を集めたい。ユニークな話題を紹介したいという関係者の「夢」までを全否定しようとは思わない。

ただ歴史は厳密さが求められる。夢で歴史を描けるならば、楽しいことはわかる。ただ、夢と事実とは区別する必要があるだろう。

現時点では、蚕の御礼がアングロノルマンであったことすら確認できていない。ナポレオン三世の乗馬が贈呈馬の中にいたという根拠も見出せていない。まして第三ランタンタン号までつなげるのは到底無理というものである。

ナポレオンと勝山号を直結させる話は、記憶に残ってしまうのだ。もし真に受けてしまった人が後で大恥をかいたら気の毒である。おもしろおかしい説が史実として定着すれば、取り返しがつかない。

夢だけで馬を語るのは間違いである。馬違いなのである。そのことを筆者も胆に銘じている。

さて明治期以降の洋種馬の導入を概観しよう。岩手県についての記録を参照すると、一八七九（明治一二）年に米国産トロッター種牡馬レゼンド号が導入され九戸郡大野・軽米地方に仔を残したのが最初。明治一六年にはハンガリー馬、明治二〇年にはアルジェリア馬が本県に入り、明治三一年に県種畜場が設置された後にアングロノルマンとハクニーの種馬を輸入して民間馬に交配したことが紹介されている。

遊佐幸平著『馬事論叢』には、本邦のアングロノルマン種のルーツについて以下の記述がある。ベトナムに種馬購買のために派遣された軍人への大臣訓令の一項に「種馬はアングロアラブ及アングロノルマンなるべきこと」とされていた。一八九八（明治三一）年、岩手県が四頭のアングロノルマン種牡馬を輸入したのが最初である可能性が強い。まだ陸軍馬政局ができる前である。

それが勝山号誕生の前年である一九三二（昭和七）年時点では、県内の種馬は六六二頭、内アノ種など中間種系は四八五頭で、主要な血統がアングロノルマンとハクニーだった。ちょうど第三ランタンタン号が購買された昭和八年度は県内合計一万一〇〇頭に達している。昭和五年度が県全体で二九〇八頭だったので、驚くべき伸張である（久合田勉著『馬学種類編』）。

アングロノルマンにおけるサラブレットの血統をどう評価するかは興味深い論点である。

小津茂郎『馬づくりの話』は、軍馬として重宝されたアングロノルマンの項で釧路の牧場主である神氏の談話として、サラブレットの血の多少でセル型・コブ型が生まれた中間種アングロノルマンはそれ同士をかけ合わせると退化する。一二五パーセント（祖父母の代）〜一二・五パーセント（曽祖父の代）程度サラブレットの血が入っていれば軍用や使役用に手ごろだと述べている。

伊藤貢。『遠い嘶き』の著者で、普段父の居ない実家で「勝山号」の育成に当たっていた。弘前歩兵第三十一連隊時代

同書は勝山号の写真を掲載し、サラブレットの血が色濃く流れているから敵弾を受けながらも敢闘して勲章まで授かったという解釈を示している。

現時点で勝山号の血統におけるサラブレットの存在を具体的に解明することはできない。今後の課題としていきたい。

第四章　勝山号の主人・歴代部隊長たちの運命

勝山号は日中戦争の激戦地で奮闘した。この馬の主人である部隊長たちの中には、壮絶な戦死をとげて、軍神として崇め奉られた者もいた。部隊長が戦死すれば、次の部隊長が新たな主人となる。部隊長たちはいかなる運命をたどったのか。勝山号はなぜ生き延びることができたのか。

上海戦線で激戦が続く

一九三七（昭和一二）年夏、上海では戦闘が拡大していた。勝山号は連隊副官藤田悌二郎（ていじろう）大尉の乗馬となることが決まった。同年九月初旬、あわただしく編成を完了して広島の宇品港を出発した歩兵第百一連隊は師団の他部隊とともに、二三日上海へ上陸する。第一線で中国軍と激戦を展開した。

岩手で伊藤家の人びとの見送りを受けたのは九月五日である。約二週間後には中国大陸へと足を踏み入れたことになる。人馬ともに、いざ命令が出れば無条件に従うことは当然だった。

前章で述べたように、第二次上海事変に各地から激戦地に投入されていった兵士は旧式の装備を身につけ、年齢の高い者の比率も相対的に高かった。

この呉淞（ウースン）クリーク渡河戦で、旧式の重火器しか持たない日本軍は、トーチカ（火点。コンクリート製小型拠点）と塹壕（ざんごう）（砲弾や銃弾を避ける溝）、クリークを駆使した中国軍陣地に有効な打撃を与えられずにいた。一〇月六日に歩兵第百一師団第百一連隊は強襲を試みるにいたった。

軍国美談として讃えられた宮鈴号

まず、最初の戦闘で、藤田大尉と川崎大隊が渡河し、逆襲する中国軍と戦った。一〇月八日の戦闘で部隊副官の藤田大尉は戦死。勝山号は早くも最初の主人を失ったことになる（戦死後少佐に特進）。

また、一〇月六日には、戦線後方に待機していた、加納部隊長の愛馬宮鈴（みやすず）号（岩手県御堂（みどう）村（むら）産）も流れ弾で死亡し、勝山号は急遽、連隊長乗馬となった。加納部隊に従軍した篠崎和修によれば、加納部隊付の中田昌雄獣医少尉（当時）の推薦で加納部隊長の乗馬となった。

左：勝山号初代主人、藤田悌次郎大尉（連隊副官、戦死）。右：勝山号二代主人、加納治雄大佐（乗馬の機会なく戦死）

ここで勝山号の先輩格の宮鈴号を紹介しておきたい。横道にそれるわけではない。この時点における軍国美談として、宮鈴号の事例はきわめて重要である。

この馬についての記述は、以下の三点の資料にも記されている。

『支那事変少年軍談　壮烈加納部隊長』
『加納部隊長のやさしい心　忠馬宮鈴号の墓　戦場に薫るやさしい花束』
『聖戦第一の殊勲馬　勝山号』

『壮烈加納部隊長』の表紙イラストは宮鈴号馬上の加納部隊長であろう。冒頭に一九三七年九月下旬の上海で加納部隊長が馬に乗って現われ、残敵討伐をしていた兵士をねぎらう場面がある。二二日に上陸して、一〇月六日に敵陣に強襲をかけるので上陸後間もない時点である。また、敵陣へ行軍中に加納大佐が馬で視察する場面もある。

七日夜半、加納大佐は宮鈴号の世話をする松本三郎上等兵から宮鈴号戦死の報告を受けた。加納大佐の司令部から一〇〇〇メートル後方の竹藪につながれていたが、六日、一発の敵榴弾（榴散弾の弾子であろう）に胴腹を撃ち抜かれたという。隣にはなんと勝山号がつながれていた。宮鈴号は腹に二発もの弾が当たって当番兵に発見されている。

この当番兵によれば、「六日夕方、いつもは楽しみながら長くかかって水を飲むのに、その時に限って大口でそんなに飲んで良いのかと言うくらい飲んだ。可哀そうな事をした（大意）」という状況が報告されている。その通りであれば、この時点では負傷に気づいていないことになる。

なお宮鈴号の戦死報告には中田軍獣医も同行している。加納大佐は遺髪（たてがみ）を残して丁重に弔うよう指示。当番兵が切り取り、中田軍獣医は傷を確認した。激戦の最中に兵士たちが協力して埋葬し土饅頭の上に石を置き、空き缶に水筒の水（塹壕戦で水が貴重なのは自明）を注ぎ、花を手向けたという。

この埋葬部分を描いている本が『忠馬宮鈴号の墓』である。後に加納大佐も戦死した際に、敵陣を突破した兵士たちが木を削って「忠馬宮鈴号の碑」を建てたと紹介している。激戦のさなかでの馬への厚い思いを表現していた。その真心は、子どもたちの心に染み通っていった。

宮鈴号は一九二五（大正一四）年五月、岩手県岩手郡御堂村生まれ。アングロアラブ種ないしアングロノルマン系。栗毛流星の鼻の白い一二歳の老馬だった。勝山号とは厩も隣同士であり、内地から一緒だった。

五歳で軍馬となり、習志野の騎兵隊で六年間将校専用馬として活動。一九三六年一一月中旬、歩兵第一師団へ。歩兵隊には部隊長用の乗馬がいないので加納大佐の乗馬となり、老い先短いことは覚悟の上で戦地に送られた。

宮鈴号が五歳で軍馬になったことを、軍制上では平時補充の購買壮馬という。人間にたとえるならば勝山号は徴兵で、宮鈴号は士官学校卒の士官候補生と言えるかもしれない。

加納部隊長の戦死

加納大佐は宮鈴号をかわいがり、演習に行く時は必ずハエたたきを持参した。自宅に連れて帰っては人参や角砂糖を与えていたとのエピソードも紹介されている。

この宮鈴号死亡から加納大佐の戦死までの四日間、勝山号は加納大佐の乗馬になったという説もある。ただ命令は実在したわけではなく、先の資料のように馬を使う際には勝山号を用いることを中田軍獣医が示していたと考えられる。

加納部隊長は実際に勝山号に騎乗していただろうか。大佐の戦死に言及した戦記や報道は多数ある中で、勝山号についての記述はない。乗馬で指揮をとれる戦況ではなかったことも示唆されている。

加納部隊長は実際には勝山号に乗馬していないと筆者は考えている。勝山号の仕えた三人の部隊長が戦死したとの記述において、加納部隊長については脚色された感は否めない。加納部隊長に仕えた名馬宮鈴号の分まで、勝山号が名誉を受けてしまったのが真相だと思われる。

加納大佐は、陸軍士官学校（陸士（りくし））第二一期。長年、師団の幕僚を務めていたので、実戦経験は皆無だった。それだけに激戦地で部隊長を務めることに覚悟を持っていた。死後に荷物から経文が見つかったと伝えられている。

加納部隊長は初陣ながら抜きん出た勇気で難局に向きあった。常に最前線で指揮を続け、日露戦争時の乃木将軍に倣って兵士を鼓舞し続けていく。

入り組んだクリークに対岸のトーチカ。ドイツ製最新兵器による中国軍の攻撃に加えて、戦線では連日の降雨が続いていた。塹壕は腰までつかる水浸しとなり、糧秣（りょうまつ）も途絶えがちであった。兵器にも大いなる支障があったと想像される。それでも家族を残して召集された兵士によって編成された加納部隊は、部隊長の統率力によって過酷な戦線を必死に維持し続けていた。

一〇月一一日の午前、ようやく雨は止んでいた。部隊本部に打ち込まれた迫撃砲弾で加納部隊長は本部要員とともに戦死した。十数名の死傷者だったという。加納部隊長は一階級特進して少将となり、「今様乃木（いまようのぎ）」（乃木将軍の現代版）と讃えられた。

陸軍省発表　昭和十四年十月十二日午後四時三十五分
上海戦線に於いて奮戦中なりし加納部隊長は十月十一日優勢なる敵の守備せる最も堅固なる曹宅付近の陣地に対し、率先陣頭に立ち、奮戦中を敢行壮烈なる戦死を遂げたり。同部隊は士気益々旺盛攻撃を続行中なり。（「支那事変戦跡の栞（しおり）　中巻」陸軍省新聞班）

前出の『東京兵団』では加納部隊長について以下の挿話が紹介されている。出征した息子を心配し、出陣前の加納部隊を訪れた母はある軍人から「兵隊を無駄に殺すような戦はしないから安心せよ」と説得された。その後新聞によってそれが部隊長本人だと知って驚いたという感動的な内容である。

加納部隊長の戦死について、多くの新聞や雑誌が報道している。とりわけ注目されるのは、歌舞伎の市川猿之助が企画して、加納部隊長の死からわずか二ヵ月の時点で川口松太郎脚本で「加納部隊長最期の日々」を浅草の国際劇場で上演していることである。一一月二九日には、市川猿之助は上海を訪れて第百一師団の伊東師団長からも話を聞いている（古川隆久／鈴木淳／劉傑編『第百一師団長日誌……伊東政喜中将の日中戦争』）ことが注目される。

留守部隊の手に抱かれ東京駅に到着した英霊の遺骨。東京駅で遺骨を出迎える遺族ら。および、中野区での区民葬。白い割烹着に襷掛けの国防婦人会の姿が目立つ。上海の激戦では多数の戦死者を出し、遺骨は続々内地へ送られた。東京出身者が多かった加納部隊の苦戦は、銃後に深刻な動揺を巻き起こした。これが歴代部隊長を軍神と崇め勝山号が「聖戦第一の殊勲馬」と呼ばれる伏線であった。加納部隊所属兵士のアルバムより

飯塚部隊長の奮戦

加納部隊長の後任として、短期間笠原豊中佐が臨時で部隊長を務めているが、後任は飯塚国五郎大佐（群馬県富岡出身。陸士二二期。前・明治大学配属将校）である。一〇月一八日、原隊の将兵さらに明治大学七〇〇〇の学生の見送りを受けて東京駅を出発。戦線に空路到着した。

飯塚部隊長の着任後、第百一連隊は急速に士気を高めていく。他の部隊と協力して中国軍上海防衛陣地の中心である大場鎮（だいじょうちん）要塞へ総攻撃を行なった。この戦闘は、野戦重砲兵、航空隊や戦車隊の協力を得て二四日に大々的に開始される。

大場鎮は〝東洋のヴェルダン〟（第一次大戦最大の激戦地。仏軍が独軍から死守した要塞）と称された堅固な要塞である。上海戦線の攻防の焦点と見られていた。二六日の夕刻、大場鎮の東部に飯塚部隊は突入。猛攻撃の前に、さしもの堅塁も陥落することになった。

大場鎮を占領した際の勝ちどきとして、飯塚部隊長は「加納部隊万歳！」と唱えたことが報じられている。この場面こそ、一二月八日から上演された歌舞伎「加納師団長最期の日々」の最後を飾ることになったのである。

さて飯塚大佐は異色の部隊長だった。原隊は近衛歩兵第三連隊。シベリア出兵での戦功を持ち、昭和一〇年から三年間は明治大学の配属将校を務めていた。豪放磊落で温かな人間性ゆえに学生に強く慕われていた。

飯塚大佐の壮行会が開かれた際に、鵜沢明大総長は送別の辞として「大佐の出陣は、恰も山科に於ける大石良雄（内蔵助）の心境と同じだ。あの心で一つ奮闘を祈る」と餞の言葉を贈ると、大佐は「山科の心ぞ今日の首途かな」と応じたという。

総長は飯塚大佐を『忠臣蔵』の主人公・大石良雄にたとえて激励した。大佐はその内容を踏まえての応答である。当時の軍人の備えていた教養の一端が示されている。

勝山号第三代主人、飯塚国五郎大佐（戦死）。戦地で虎の剥製を従える。草魚を手にしたスナップ、相撲に興じ、上半身裸で指揮を執るなど、ユニークな人柄で知られる

飯塚部隊長は、上半身裸で実戦の指揮をとることもあった。敵弾をものともしない態度ゆえに豪勇部隊長と呼ばれていた。剣術大会での優勝。名刀備前祐定の所持など、部隊内での存在感は抜きん出ていた。『蘇洲河の追撃戦』という長編の軍歌を作詞し、部隊内で歌わせていた。士気を鼓舞

飯塚部隊長と共に加納部隊長戦死の地を視察する猿之助親子。中央、飯塚大佐、最手前・猿之助、飯塚大佐後ろが息子の段四郎

視察を終えて12月４日に羽田飛行場に到着した市川猿之助親子

浅草国際劇場で上演された猿之助一座の演劇『加納部隊長最期の日々』一場面。西沢軍旗手を演じるのは片岡我當。戦地訪問とともにこの舞台も注目された

するためである。ここでも教育者らしい指導を貫いていた。

たび重なる負傷に直面する

勝山号の初めての負傷は、この飯塚部隊長の時である。

一九三七（昭和一二）年一一月一八日の蘇洲河渡河直前、勝山号は迫撃砲弾によって頸部に致命傷を受けた。篠崎和修によれば、飯塚部隊長を乗せて渡河を強行する直前に、突然ヒヒーンといななないて前足を宙に浮かせ、続いてどうと斃(たお)れたという。間断なく着弾していた迫撃砲弾の破片が頸部を貫通したのだった。

飯塚部隊長は愛馬の重傷に驚いて「獣医は居らんか……」と大声で何度も叫んでいたという。駈けつけた獣医部長橋本健治中佐が応急処置を施した。だが作戦中に病馬収容所への収容などは不可能である。部隊長も乗馬なしでの指揮は困難である。重症の馬を鞭打って使い続けることになった。

「頸の包帯に血をにじませながら、息づかいも荒く戦線に頑張り続ける勝山号のいじらしい姿はわれわれ飯塚部隊の兵隊の脳裏にはっきりとこびりついていまだに忘れることが出来ない」と篠崎は書いている（雑誌「刀と剣道」馬道の研究号・一九四一年一二月号「名馬勝山号」より）。

馬当番である石渡千之助上等兵が駆け回って、大好物の人参を二、三本見つけてきた。だが勝山号はそれを受けつけない。水だけをほしがって、日ましにやせ衰えていった。

一一月二六日は上陸以来初の大休止を得た。この日にようやく中田軍獣医の本格的治療が行なわれた。病馬収容所といっても、本格的な施設ではない。天幕一枚が日よけになっている粗末な場所であった。中田軍獣医の診断では、完治するまでに約四〇日を要するほどの重傷であることが判明した。

二回目の負傷は一九三八（昭和一三）年五月一日である。徐州会戦の支作戦として阜寧を攻略中、江蘇省溝安墩で敵に囲まれた際に、小銃弾は右側腰骨下部より貫通した。この時も飯塚部隊長を背に乗せていた。

この負傷からは比較的早く回復して、引き続き部隊長乗馬として活動している。六日の阜寧陥落の際には、脚を引きずりながら飯塚部隊長を乗せて部隊の先頭にて堂々と入城している。この地に外国軍隊は入ったことがなかった。日本軍は敵対地域をひたすら突き進んでいたことになる。

敵に輸送路を寸断されて食糧と弾薬は枯渇していた。兵士たちは畑のイモや大根をかじることをよぎなくされて馬糧も欠乏していた。秋山軍曹らは敵弾をかいくぐりながら、畑の青麦を集めては重症の勝山号を養ったという。

同年八月三一日盧山・秀峰寺前の戦闘で勝山号は三回目の負傷をした。この時は左目頭より左頸部中央に機銃弾が貫通した。後方の病馬収容所に入院し、一一月一五日に原隊に復帰した。

小池政雄『聖戦第一の殊勲馬 勝山号』によれば、一度銃弾に倒れた勝山号は、中田軍獣医、秋山獣医務伍長、石渡当番兵等が駆けつけた時、出血していたもののすぐに起き上がったという。

戦地の勝山号。中田獣医中尉と共に。恐らく報道用か記録用の公式写真の焼増しであろう

戦闘の相手は中華民国軍である。この軍はドイツなどから兵器の多くを輸入して一部は国産化していた。有名なチェコ機銃（ZB26型軽機関銃）の弾丸の直径は日本軍の三八式歩兵銃の六・五ミリよりも格段に大きく七・九二ミリもあった。（中国の民国24年式小銃も同じ弾丸を使用）また、一部では国際法を無視して鉛を弾丸に使用していた。弾頭に刻みを入れて命中時に炸裂するダムダム弾である。これが日本軍の将兵と軍馬に大きな被害をもたらしたのである。

飯塚部隊長も戦死す

ところで内閣情報局発行の国策グラフ雑誌

『写真週報』第三二号（一九三八年九月二一日号）に掲載されている写真は興味深い。盧山の戦闘で負傷する寸前の勝山号に騎乗しているのは、飯塚部隊長である。

キャプションに勝山号と明記されているわけではない。とはいえ勝山号三回目の負傷は八月三一日、飯塚部隊長の戦死は九月三日である。勝山号である可能性はきわめて強い。盧山での戦闘は山岳戦中心であり、他の馬に乗り換えての移動は考えにくいと思われる。

九月一日、中田軍獣医（中尉）は勝山号戦傷の詳報を携えて飯塚部隊長に報告した。この時、飯塚部隊長は涙を流して中田軍獣医に頼んだ。

今度の戦闘は俺の一世一代のものだ。無論俺は生きては帰ろうとは思わぬがせめて勝山号だけは無事に凱旋させてやりたい。勝山号は実によく働いてくれた。俺に万一のことがあったら必ず勝山に金鵄勲章をもらってやってくれ……。（篠崎和修「名馬勝山号」）

九月三日、飯塚部隊長は最前線の一文字山で指揮を執っている時に、敵機関銃弾（チェコ機銃）によって壮烈なる戦死を遂げた。狙撃兵は岩陰から至近距離で狙ったという目撃証言も残されている。戦死後、一階級特進して少将となり、金鵄勲章を受けた。

この勲章は帝国軍人にとって至上の価値を持つ勲章である。下級将校以下の場合は、実戦できわめて武功抜群な者へ授与され、戦死して叙勲される場合が多かったとさえ言われる。

下士官兵で授与された者が前線に立つ時には「部隊の勇士を殺すな！」と人垣ができたほどだったという。功七級が兵、功六級が下士官、功五級以上が将校であった。

飯塚部隊長の死は、一将兵の死とは異なる反響をもたらした。明治大学では『飯塚先生追

上：戦死数日前の飯塚部隊長と部隊兵士を捉えた報道写真。まるで現役中隊長のように、颯爽と手勢を引き連れ戦場に向かう。隣は軍旗手の少尉。飯塚大佐の軍刀は備前長船の名刀。
下：手前の兵士が担ぐのは重機関銃の脚。飯塚部隊長が高く見えるのは勝山号に乗馬しているため

悼文』を刊行、学内の雑誌部では『飯塚先生追悼特集号』が編纂され、予科の校庭には『飯塚先生留魂碑』が建てられた。飯塚大佐を慕った学生たちの思いはかくも強かったのである。

その死を悼む者は明治大学内にとどまるはずはなかった。加納部隊長の戦死以上に新聞・雑誌などで飯塚部隊長の戦死について数多く報道され、レコードまで出た。吉田絃二郎脚本の「戯曲飯塚部隊長」は戦死の翌月、一〇月一日から東京劇場で上演されるという早さだった。翌年には今井正監督、主演丸山定夫、高峰秀子で東宝映画「われらが教官」として上映されている(前掲『第百一師団長日誌』)。

戦争はこうして惜しまれるべき人の命を奪う。命の価値は、本来は軍隊での階級や敵・味方によって区別されるべきではない。飯塚部隊長のみならず、多くの兵士や中国の人々の死も惜しまれることは今では当然といえよう。しかしその価値観は八〇年前の戦時に通用するはずはなかった。

加納部隊長と飯塚部隊長は、戦車の軍神・西住小次郎中尉、海軍航空隊の撃墜王・南郷茂章(もちふみ)少佐等と並んで支那事変の軍神として讃えられることになった。友人の祖父の遺品として、四人を讃えた印刷物に若き日に出会ったことを筆者は鮮明に記憶している。

東京九段の靖国神社には、南郷少佐と並んで飯塚部隊長の胸像が展示されている。

勝山号を乗馬として認め続けた布施部隊長

さて飯塚大佐の後任には、九月五日付で布施安昌大佐（石川県・陸士二二期）が着任した。布施大佐は一九三九年（昭和一四年）九月一八日、豊予要塞司令官として転出するまでの一年ほど、部隊の指揮をとることになった。

盧山での戦闘では、飯塚部隊長のみならず多数の将校が死傷した。マラリア患者も多発して部隊の戦力は低下していた。

他部隊の支援を受けた布施部隊は一〇月二七日、目的地である徳安をようやく占領した。布施部隊長在任中、勝山号が戦列にいたのは一一月一五日から翌年二月中旬までの期間。その間、部隊は徳安で警備任務についていたので、乗馬としての活動機会は限られていた。

三回目の負傷が癒えて一一月一五日に原隊に復帰した勝山号は、翌年二月中旬の南昌攻略戦を待たずして、戦列を離れた。四回目の負傷ではない。三回目の負傷の再発である。負傷時の神経損傷に由来する容態悪化だった。一時は中田軍獣医もさじを投げるほど瀕死の状態が続いていた。

食も細っていたので、だれもが今度だけは回復不能と憂えていた。だが何としてもこの馬を助けたいとの思いを抱く者ばかりである。とりわけ勝山号の当番兵と部隊の獣医官は、

勝山号第四代主人、布施安昌大佐

「歴代部隊長に仕えた馬を殺してはならぬ」と必死の看病を続けた。馬当番の円沢市吉上等兵は看護を担った中心だった。これらの人びとの努力は功を奏したのかもしれない。勝山号はまたしても回復をとげる。まさに死の淵からの生還といえよう。

ただ回復当初はまっすぐに歩行できなかった。部隊長の乗馬への復帰は無理と思われていた。その都度、中田軍獣医を先頭にしてこの馬を愛する部隊本部の将兵たちは部隊長に引き続き乗馬にし続けることを懇願するのだった。布施部隊長も拒絶は忍びがたいと思ったのだろう。自分の乗馬であり続けることを認めた。ようやくほぼ全快したのは八月以降と思われる。

布施部隊は一九三九年二月下旬より、南昌攻略戦に参加している（勝山号は入院中）。他の部隊とも協力しあった戦闘には、日本軍として初めて戦車二個大隊に臨時の自動車化歩兵・工兵を加えた石井戦車集団を参加させている。機械化重砲部隊の活躍や航空隊からの空中補給など、新たな戦争への胎動は始まっている。

まず確認すべきは、部隊長と勝山号との関わりである。当初の調査では、布施部隊長による勝山号騎乗については訝しく思っていた。飯塚部隊長の騎乗写真は確認できていた。もちろん当時の戦況からして、激戦の日々に四六時中乗馬中であることはありえないが、飯塚についてはは写真を見出せたのである。それに対して、布施部隊長についての資料は乏しく、勝山号の騎乗写真も発見できなかった。

二〇〇九年一月八日に、予想できない展開が待ち構えていた。勝山号を紹介する地元の「えさしルネッサンス」のホームページに一通のメールが舞い込んで、新たな事実に出会えたのである。

南昌入城を果たした布施部隊長

メールの送信者はアメリカ・オレゴン州在住の増田宏樹さん。祖父の名前を検索していたら私にたどりついたという。この増田氏の祖父こそ、勝山号四代目の主人・布施安昌陸軍大佐その人だった。しかも勝山号と布施大佐がともに写っている鮮明な写真まで添付されていた。

この写真は筆者の懸念を吹き飛ばしてくれた。決定的な証拠となったのである。

勝山号と布施部隊長(増田宏樹氏提供)

写真の検証も試みた上で、当時の軍装に間違いないことを確認した。布施部隊長の勝山号騎乗はこうして裏づけられた。仮説は覆されたことになる。長年の疑問が解けた瞬間だった。

増田氏へのささやかな御礼として、当時の画報雑誌などに掲載された布施部隊長の写真を何枚かお送りした。戦後六十数年に、馬のご縁で国境を越えたネット空間での貴重な情報に接し得たことは何よりの喜びだった。

さて南昌陥落後に話は戻したい。布施部隊長の後任は下川義忠大佐（東京・陸士二一期）。一九三九（昭和一四）年九月一八日から一九四〇年一二月二三日まで第百一連隊長を務め、その後、堺区連隊区司令官。最終的には中将になったが、戦時中に戦地で死去した。

下川部隊は大半の時期を南昌にとどまって警備と治安維持に任じている。この間、下川部隊長は勝山号を大変気に入り、当番や軍獣医からそれまでの経緯を聞いていた。この時期の勝山号は何度か実戦に出動する機会があった模様である。

軍馬甲功章を授与される

そして一九三九（昭和一四）年一〇月一日付けで勝山号は畑俊六陸軍大臣から軍馬甲功章を授与された。戦地での軍馬甲功章授章第一号であった。

この勲章こそ、勝山号の運命を決める第一歩となった。これによって全国の人びとがこの馬の名前を記憶するきっかけは作られていく。

戦場で負傷して、治療を受けた後に復活する馬は膨大な数に達する。何度かそれをくり返すのも珍しくはない。弾丸による負傷のみならず、病気や各種の外傷からの回復後に戦場で活躍するという事例はごくありふれている。ただそれらの馬が勲章を授与されるかというと、その種の事例は稀であったに違いない。勝山号の場合には、特別なめぐり合わせがあったといってよいだろう。

叙勲の申請は誰によって行なわれたのか。実は定かではない。下川部隊長が行なったと筆者は当初は考えていた。ただ赴任時期から考えると授賞まではごく短期間である。その点で、中田軍獣医らによる申請と見るのが自然かもしれない。現在、一九四〇年一月に調査された「マル秘　軍馬戦功調書（下川部隊）」が残っている。

軍馬功章は満州事変の際に制定された。優秀な働きをした軍馬に与えられ、第一回軍馬功章の授与は一九三三（昭和八）年に行なわれている。勲功によって、甲功章と乙功章と丙功章の三ランクに分かれていた。

功章は軍馬表彰内規（一九三三年六月一日）によって、陸軍大臣名で交付され、全軍に布告された。なお一部に誤解が存在するので訂正しておきたい。勝山号は最初の授章馬ではない。その六年前から授章馬は存在していることに留意しておきたい。

なお新聞報道でも、勝山号が軍馬甲功章を受章したとの表現がなされているが、長谷川正道『國民参考兵器大観』によれば、軍馬功章「甲」（柏葉章）と呼称するのが正しい。同書によれば、意匠の「柏」は神武天皇の東征を記念し「尖先」は剣に模るとのことである。乙功章は八咫烏をモチーフとした霊鳥章。丙功章は天馬章と呼称した。

一九四一（昭和一六）年一〇月三一日、第五回軍馬功章発表段階で、甲功章三二九頭、乙功章六六一頭、丙功章二八五頭の計一二七五頭が受章している（伊澤信一『馬』）。これほど多数の馬が受章して、その栄誉が讃えられていることに注目しておきたい。

部隊長の乗馬だった勝山号の受勲に驚きはない。賞状では「支那事変における功績抜群」となっている。大きな負傷を三回も経て、病魔にも冒されて死線をさまよいながら前線へ復

左：軍馬甲功章受章時に撮影された勝山号の公式写真。
右：朝日新聞で紹介された勝山号の初出写真

活を果たした。勝山号に乗った歴代の部隊長の中で二人は、軍神として讃えられることになった。馬産地岩手の馬であるという条件も後押しになっただろう。

さらに言えば、この馬が人びとに愛されたことも要因だろう。馬だけが讃えられるべきではないことを確認しておきたい。受勲後にこれほど有名になった馬は他に存在していない。ただ、それはまた別の話であり、第五章で検討することにしたいと思う。

ちなみに戦時中に叙勲の対象になった動物は、馬だけではない。軍犬（軍用犬）・軍鳩（軍用鳩）の功章もあった。このため現在でも、靖国神社には軍馬・軍犬・軍鳩という三種の軍用動物を

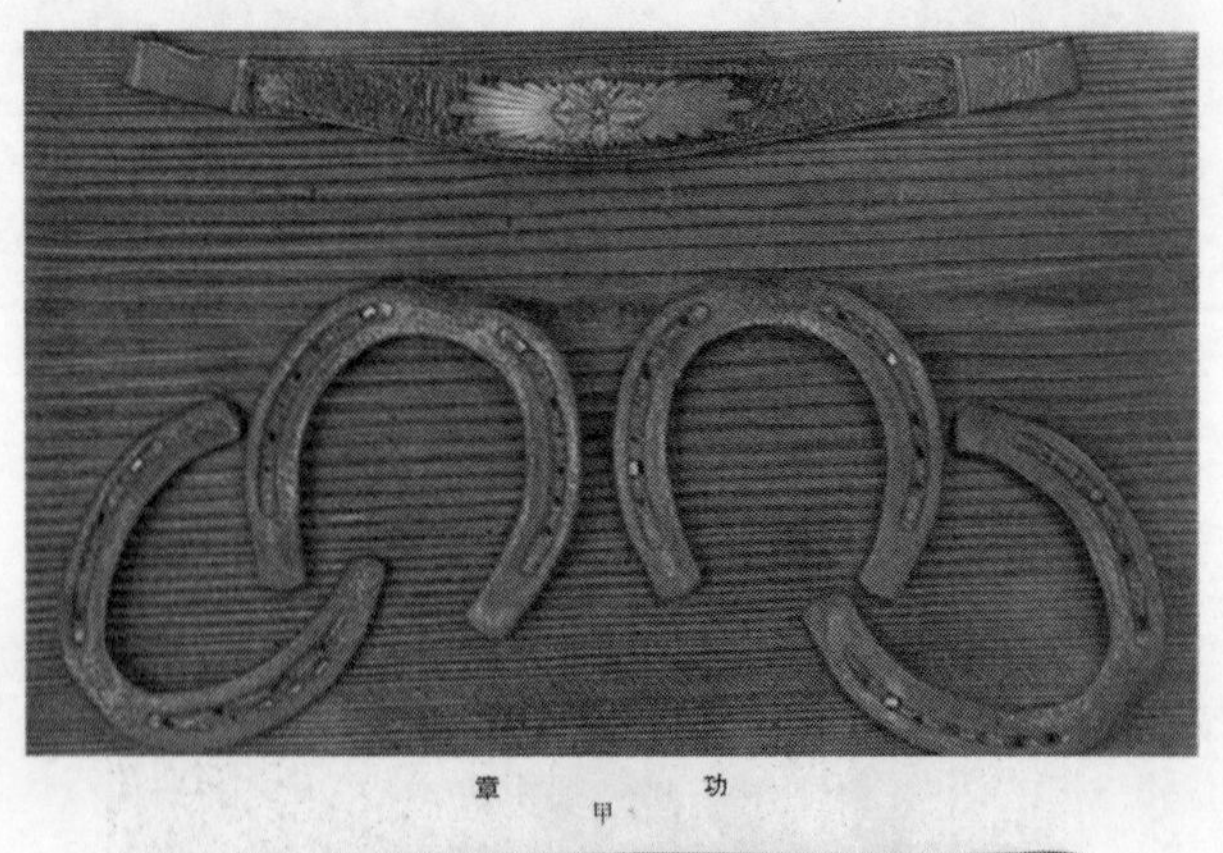

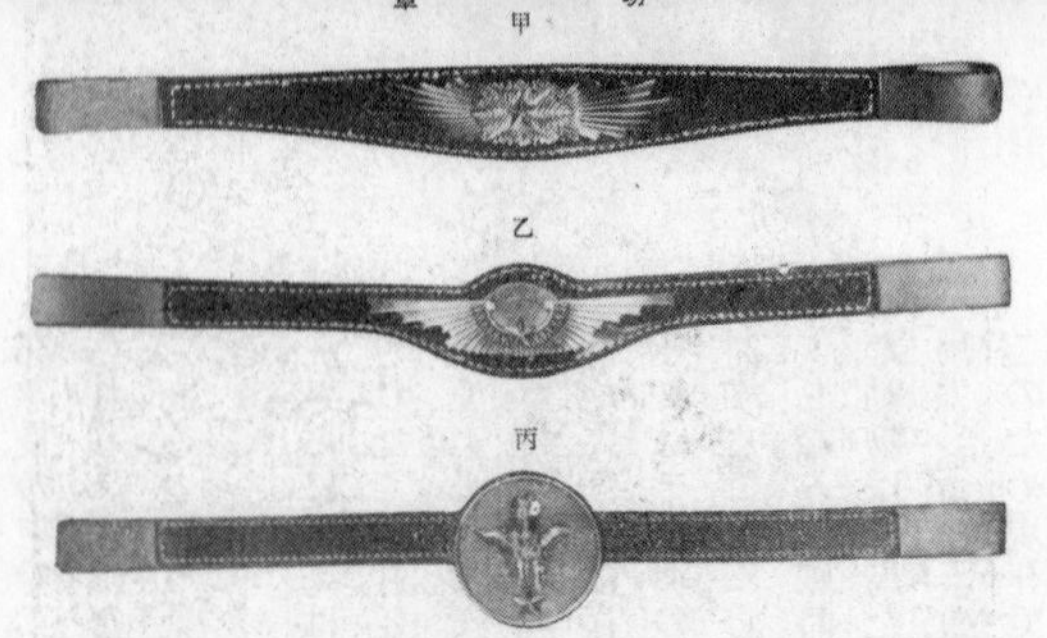

上：伊藤家に残されていた勝山号の軍馬甲功章と蹄鉄。下：軍馬功章各種。馬専用の勲章は世界的に貴重と思われる

讃えるモニュメントがある。

世界各国で軍用動物への叙勲は存在する。たとえばフランスでは第一次世界大戦時、ヴェルダン要塞攻防戦で軍の危急を知らせて、祖国を護ったとして、軍用鳩が同国最高位のレジョン・ド・ヌール勲章を授けられている。

なお第百一連隊について補足しておきたい。この部隊の公式な戦史・部隊史は刊行されていない。それだけに畠山清行の三巻本、『東京兵団　Ⅰ胎動篇・Ⅱ戦機篇・Ⅲ長征篇』は戦後二〇年に至らぬ時点での著作として存在感を放っている。加納・飯塚部隊を知る最適の著作である。多くの兵士たちの証言を基にしてこの連隊の実像を詳細に描いている。

最近では、古川隆久・鈴木淳・劉傑編『第百一師団長日誌　伊東正喜中将の日中戦争』という大部の本が出た。師団長から見た加納・飯塚部隊の記録で、当時の上級幹部の思考について示唆を与えてくれる。支那事変（日中戦争）の研究にまたとない材料を提供した意義は大きく、筆者も多くの示唆を得ることができた。

日本に帰還した勝山号

もし勝山号が中国戦線に留まり続ければ、本書を筆者が執筆することはなかったかもしれない。受章後に再び祖国へ帰還したという事実はあらゆる点で決定的な意味を持っている。

翌一九四〇年一月、上海から復員する下川部隊とともに勝山号は乗船した。同月二〇日に芝浦埠頭に上陸。原隊である歩兵第一連隊留守隊（赤坂）へ移管されたのは二六日付けである。

第百一連隊は帝都へ凱旋を果たし、編制時に親授（しんじゅ）された軍旗（連隊旗）を宮中に奉還して

上：勝山号第五代主人、下川忠義大佐と勝山号。内地帰還後。下：昭和15年2月24日、帰還した記念に勝山号に関係した人々とともに。中央、左端、中田獣医中尉。下川部隊長

復員を完了した。歩兵第百一師団の復員完了日は二月二五日と記録されている。

勝山号にとって、約二年半ぶりに祖国の土を踏んだことになる。この一九四〇年一月、勝山号帰還の直前には米内光政内閣が成立していた。

正確を期すために、勝山号への誤解をもう一つ訂正しておきたい。この馬が戦場から内地に帰還した

唯一の馬との表現は事実に反している。日中戦争期の軍馬の大半は戦場で死んでしまい、終戦後の行方をたどれる馬はほとんど存在していない。国内に戻ってこられた稀有な馬として、勝山号が語られ続けるのは無理もないことである。ただ、復員や転進などで日本に戻った軍馬は日中戦争期にも少数ながら存在している（土井全二郎『軍馬の戦争』潮書房光人新社）。また、畜類慈愛会や財団法人軍馬愛護協会のように、受勲馬の余生を世話する団体もあった。戦火がまだ激しくない時期に、廃馬として故郷へ帰還した事例も存在している。

戦塵２有余年、凱旋した歩兵第百一連隊は宮中に軍旗を返納し解散した。写真は加納、飯塚両部隊長の位牌を背負って宮城に報告する同部隊と軍旗

そのことは明記しておきたい。しかし、勝山号が稀有な馬であるのは一面ではそのとおりである。とりわけ、終戦直前に軍の正規のルートを経て元の飼い主に送り返すことが決定されたという事実は注目に値する。さらには終戦から二ヵ月後に、困難な条件にもかかわらず郷里の飼い主の元へ帰れたのである。このような境遇をたどった軍馬は勝山号だけしか確認できていない。

付言するならば、この一九四五年秋に郷里へとたどりついたという事実を、この馬の名前を記憶に刻んだ大部分の人は知る由もない。

さて第百一連隊に復員した以後の勝山号の足跡をたどっていこう。まず原隊の歩兵第一連隊留守隊での預かりとなった。当時の歩兵第一連隊留守隊は、一九三九（昭和一四）年八月一日より加藤勝蔵大佐（陸士二五期）が部隊長を務めていた。

同留守隊はさらに一九四〇年七月二五日、（第二次）歩兵第百一連隊に改編され、引き続き加藤大佐が連隊長となった。同年一一月六日、部隊は赤坂区一ツ木町の旧近衛歩兵第三連隊兵舎に転営している。なお、軍旗親授は同年一二月四日。一度は奉還した加納・飯塚部隊長の軍旗が再び授与されたのであった。

一九四二（昭和一七）年八月一日、加藤大佐の後任として、羽鳥長四郎大佐（群馬県・陸士二六期）が着任した。『遠い嘶き』によると、この羽鳥大佐は勝山号をいたわり、外出する際は自動車を使用していたという。すなわちこの時点でも、勝山号は現役の軍馬として部隊長の乗馬として位置づけられていた。

同年一一月二〇日、部隊は神奈川県川崎市溝ノ口の新兵舎に移駐。防諜という観点から、東部第六十二部隊と呼ばれることになった。日中戦争の全面化以降、軍事機密はさらに厳格に保全されていたことは当然である。部隊に関する情報は重大な軍事機密だった。新設部隊は番号などで呼ばれ、師団クラスは隠匿名称として「杉」「雪」「八甲」など地方色を示す名称となった（たとえば「雪」＝歩兵第三十六師団・弘前）。東部第六十二部隊とはこの観点での呼称であることに注目しておきたい。

第二次歩兵第百一連隊の上級部隊である留守第一師団は一九四一年三月に復員した。その後、第六十一独立歩兵団が編成されるに際してその指揮下になった。歩兵団とは師団内の旅団編制が廃止された以降、歩兵部隊を統括するために設けられた組織で、師団編成のための基幹部隊である。

一九四三年三月十三日、臨時編成によって歩兵第六十一師団は砲兵部隊を欠いた警備師団として編成。中華民国汪兆銘（おうちょうめい）政府の首都南京を警備するために出陣した。当時の南京には蒋介石政権から離脱した汪兆銘を首班とする政権があり、日本軍の保護下に日本軍の占領地域を統治していたことは周知の事実である。

これにともない、第二次歩兵第百一連隊は同年四月六日出征。同方面で治安維持任務に当たり、終戦時にはアメリカ軍の上陸に備えて上海方面に駐留していた。この後、羽鳥大佐は少将に昇進して歩兵第百旅団長として転出した。なお、同部隊は貧弱な編成であり、大戦末期の中国戦線でさらなる苦戦を強いられることになる。

以上の経緯は、戦時中に勝山号のいた場所とは直接の関係はない。ただ第百一連隊の動向は、本書の主題と深く関わっているので、煩雑ではあるが記しておいた次第である。勝山号は東部第六十二部隊に所属し、一九四五年八月までこの部隊にいたことを再確認しておきたい。

帰還してからの勝山号の所属部隊の変遷は、以上のように複雑である。伊藤新三郎でさえ愛馬の行方を見失ったこともそれと無関係ではあるまい。その経緯は、次章で言及することにしたい。

ただこの時点で先回りして解説すれば、新三郎と貢の二人が久しぶりに勝山号と再会できたのは一九四三（昭和一八）年二月一〇日と推測される。当時の東部第六十二部隊部隊長の羽鳥長四郎大佐、副官の石丸貴少佐等とこの日に面会したことも資料で跡づけられている。

石丸貴少佐は歩兵第一連隊の古参将校である。一九三三年一一月現在の編制表では、歩兵第一大隊副官。第一連隊が満州移駐した後も在営し続けたと思われ、留守歩兵第一連隊（第二次）歩兵第百一連隊を経て、終戦まで東京歩兵第一補充隊（東部第六十二部隊）にいた。戦後も長らく健在だった。戦時中の勝山号を最もよく知る人物であった（『東京歩兵第一連隊写真集』）。

この再会の前提についても次章で述べることにしよう。一言だけ種明かしをするならば、行方不明の勝山号を発見するという大ファインプレーをしたのは貢だった。それを父・新三郎に伝えることで二人は愛馬と再会できた。ただその時点で、伊藤貢は所属部隊を誤解することになってしまったのである。

読者諸賢はやきもきされていることだろう。まだ日本に帰還してから、伊藤新三郎でさえも勝山号と再会していない。それをまず次章できちんと紹介した後に、伊藤貢のファインプレーと誤解について詳述することにしよう。

部隊の変遷とは本書で最も理解しづらい主題である。その事実経過をつかんでいただくなかで、当時の陸軍の実情も垣間見えてくる。今でこそ私たちは、陸軍全体を鳥瞰しながら、戦争指導について論じることも可能である。

戦時中の庶民が、皇軍の全体像を容易に鳥瞰できたわけではない。現在とは違って、軍事のリテラシーははるかに高く、軍人への憧れも強かった。だが戦時中だからこそ、機密のベールに覆われていることも多かったのである。

ちなみに第二次歩兵第百一連隊が出征した後の部隊には、東京師団管区司令部（留守近衛歩兵第二師団司令部）所属の東京歩兵第一補充隊がおかれ、終戦まで同部隊が駐屯していた。なお、大変まぎらわしいことに、『遠い嘶き』において勝山号帰還に関する日本馬事会からの手紙には、はっきりと「東部第六十二部隊云々」と記されており、東京歩兵第一補充隊が終戦まで引き続き東部第六十二部隊と名乗っていたことがわかる。

東京歩兵第一補充隊は、一九四三年六月一〇日以降、飯田雅高中佐が部隊長となり、一九四四年六月二日までその任にあった。

次いで、同年六月三日より一九四五年四月九日まで平沢喜一大佐（陸士二九期）が、四月十日から八月の終戦までは西村章三大佐（陸士二六期）が「東京歩兵第一補充隊」（東部第六十二部隊）の部隊長の任にあったと記録されている。

上記の記述に示されたように、東部第六十二部隊とはまぎらわしい存在だったのである。二つの東部第六十二部隊が存在していたことを同部隊の歴史を掘り起こしてきた大泉雄彦は明記している（『川崎市宮前区を中心とした戦争遺跡をたずねて』）。すなわち陸軍歩兵第百一連隊の通称としての東部六十二部隊と、留守近衛第二師団歩兵第一補充隊の通称としての東部六十二部隊である。

このように帰還後の勝山号の所属部隊と部隊長の動静をたどるのは厄介である。ただ勝山号は部隊長の乗馬だったので、その作業を欠かすことはできない。

部隊所在地や部隊長は何度も変わった。戦地への派遣や帰還、部隊名の秘匿などが不可欠だった当時の事情としてご理解いただきたい。

軍隊がすぐ身近に存在していた当時の庶民にとっても、軍隊とは近くて遠い存在であったことを以上のことからご理解いただければ幸いである。

第五章　愛馬との再会を熱望した人びと

伊藤新三郎、第一報に直ちに反応す

一九四〇（昭和一五）年一一月、帝都に凱旋した歩兵第百一師団第百一連隊は復員し、軍旗を宮中に奉還して解散した。勝山号が原隊である歩兵第一連隊留守隊（赤坂）に預けられたことは先に記したとおりである。

中国戦線では激闘が続いていた。国内ではラジオ・新聞などで戦局は報道されていても、広大な戦線を一望に収められる者は皆無である。とはいえ、多くの庶民は熱い思いで戦局を見つめていた。一九三七年一二月の南京陥落など、戦局の重要な節目においては、全国での提灯行列などが行なわれた。銃後の庶民たちもその奉祝行事を担い続けていた。

本章では岩手県伊藤家の人びとの動きをたどりたい。曽祖父や祖父を始めとして、かつてのランタンを知る誰にとっても、あの馬が勲章を授与されたり、中国戦線から無事に帰還して注目を浴びたりすることなど、全く予期せぬはずである。第三ランタン号から勝山号と名前が変わったことは知っていても、それ以上のことは寝耳に水であったと思われる。この馬と縁を持つ人たちは、愛馬の帰還をどのように受けとめて、再会を果たそうとしたのだろうか。軍馬甲功章授章の時点に立ち返って、岩手県内での報道を見ていきたい。

一九三九年一〇月二四日に日比谷音楽堂前大広場で行なわれた「第二回支那事変軍馬祭」を取材した記事にまず注目したい。

「馬産岩手の誉——三部隊長に仕えた殊勲甲の勝山号と軍馬祭の代表馬金龍号

（一〇月二四日に日比谷音楽堂前広場で行なわれた第二回支那事変軍馬祭を紹介した後）尚中支戦線に於て加納、飯塚、布施の三部隊長を乗せ砲弾弾雨の戦線を馳駆して四度戦傷を負った岩手県産の名馬勝山号は今回殊勲甲の甲功章を授与されたがこの軍馬祭式典にはついに姿を見せなかった　写真向かって右勝山号」

（新岩手日報　一九三九年一〇月二六日付）

記事の写真は甲乙丙の甲功章を額に装着した軍馬三頭が並んだ公式写真を使用している。岩手県内の新聞に初めて掲載された写真である。まだ独自取材の成果を見せていない。なお、

「（勝山号は）姿を見せなかった」という表現に注目しておきたい。勝山号が戦地にいる事実はこの時点で公表されていなかったようだ。

伊藤新三郎は、勝山号の名前が新聞発表された時点で動き出したらしい。いかにも曽祖父

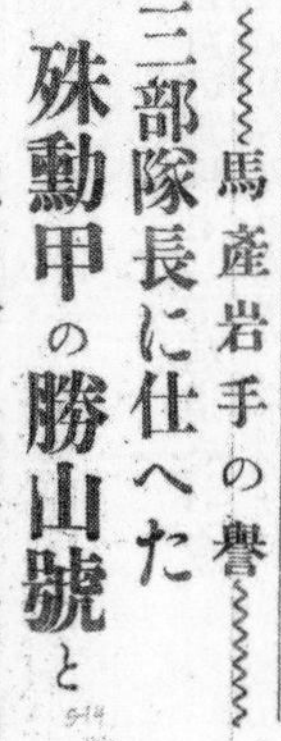
馬産岩手の誉
三部隊長に仕へた
殊勳甲の勝山號と
軍馬祭の代表馬金龍號

上：新岩手日報の第二回支那事変軍馬祭取材の記事。下：軍馬功章を装着した軍馬の公式写真。左から丙功章、乙功章、甲功章。新岩手日報の第一報は、右２頭をトリミング。勝山号ではない

らしい機敏な行動である。

戦地で軍馬甲功章の発表があり、勝山号の特徴が報道された時点で、この馬はランタンに違いないと思い立って、以後十日間も足取り調査を行なったという。篠崎によると、新三郎は新その様子を描いているのは、篠崎和修「名馬勝山号」である。篠崎によると、新三郎は新聞紙上で鼻の白流星が報道されたことでかつての飼い馬であることを確信したらしい。

「アッこの馬だ、ランタンだ……」とその余りにも大きな手柄に夢かとばかり驚いて、ただちに上京して一一月五日に「勝山号は私の馬です。ランタン号です」と下川部隊の原隊（歩兵第一連隊）に名乗り出たという。

これらの点の真偽について、現時点での検証は不可能である。ランタン＝勝山号と知っていたにしても、同名だが異なる馬かもしれないという危惧を持たなかったのだろうか。だが迷うことなく、新三郎はその後も行動力を発揮する。

奇跡の軍馬として報道される

勝山号への軍馬甲功章授与というニュースは、まず南昌最前線の下川部隊にもたらされた。当時同部隊でも新聞各社特派員は従軍取材を継続中だった。この「無言の勇士の名誉」を報道した記事は、「勝山号の歓声――〝前線へ誉れの甲功章〟」として一一月一七日付東京朝日新聞夕刊社会面のトップ記事となった。

「（略）軍馬行賞の一報が前線に齎された。恰度この日奇しくもわが「勝山号」は昨秋廬山戦で受けた左眼上の戦傷が漸く癒えて病馬廠から懐しの原隊に復帰した思出の日であった。

勝山号は早朝から下川部隊長に従い南昌前線の残敵掃討戦に出動し無事任務を果し汗ダクで帰隊したところ、いち早く勝山号に馳せ寄った勝山係の獣医中田昌雄中尉（渋谷区原町）、秋山袈裟郎軍曹（埼玉県）、馬取扱兵石渡千之助上等兵（世田谷区下北沢）等は勝山を取囲み〝勝山号万歳〟を浴びせれば勝山はよろこばしげに秋空高くヒヒンと嘶く。

過去二年有余三度の戦傷に殆ど寝食を忘れて勝山号を労り飼育して来た勇士等にとっては全く可愛いわが子の栄誉なのだ。とりわけ勝山号を愛撫した故飯塚部隊長から常に〝勝山号には必ず勲章を貰ってやれよ〟と力づけられた中田君の如きは「これで亡き飯塚部隊長殿の御遺志を遂げることができました」と涙も流さんばかりの悦び方。

戦塵を洗い流して馬装も新に主人下川部隊長の前に曳き出された光栄の勝山号は部隊長から「ウム、よくやった。地下に眠るお前の亡き主人、加納、飯塚両部隊長はどんなに満足されて居られるだろう、これからもしっかりやるんだぞ…」と激励され部隊長自ら好物の人参や笹の葉を與えてその功を労った」

亡き部隊長の存在も含めて、身近でこの馬に接してきた人たちを描いている。多くの人の思いに抱かれてきたこの馬を活写している。新岩手日報の第二弾では、馬籍簿をたどったのだろうか。勝山号の出生地は岩手県九戸郡だと明らかにしている。

「名将四代に仕えた殊勲甲の名馬勝山号 九戸軽米の出産と判明」

事変勃発直後、中支戦線へ征途に赴き名将四代に仕え軍馬として最高の〝甲功章〟を賜わり明春上野動物園へ凱旋に決した名馬が何んと九戸郡軽米町鶴飼清四郎氏方の産である事が判り九戸郡産馬畜産組合では去る十九日九戸馬に初の殊勲甲を獲得した名馬〝勝山号〟のために遙かに祝杯を挙げて祝った。

（中略）生産者鶴飼清四郎氏は先代清之助氏時代から熱心な馬産家でこれ迄多数の優良馬を産し、九戸産馬畜産組合の功労者である。（新岩手日報 一九三九年一二月二二日付）

九戸、軽米町側では、早くもお祝いが始まっていることがうかがわれる。記事にはやや不正確な記述も散見される。「名将四代」とあるが、中国戦線で主人だった部隊長は五人と見るべきであろう。また「上野動物園へ凱旋に決した名馬」という記述も、それを願望した人はいるだろうが、この時点では何も決定していないので早とちりである。ただいずれも大した誤記に非ずとの判断はありうるだろう。電話取材を速報的に伝えたのかもしれない。この時点では出生地の軽米町側の反応を重視した記事であることを確認しておきたい。無理からぬことでもあった。

勝山号内地帰還の情報は、県庁からまず軽米町の鶴飼清四郎と高橋儀左衛門に、続いて飼い主の伊藤新三郎宅に伝えられたという経緯がある。

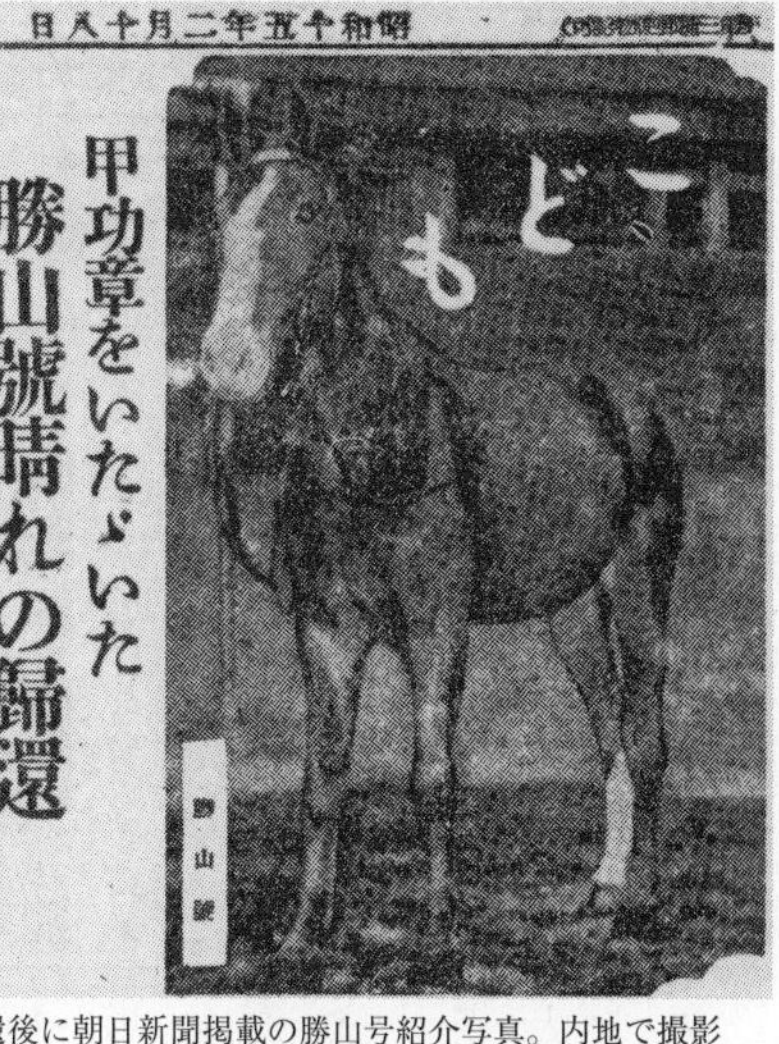
昭和十五年二月十八日

甲功章をいたゞいた
勝山號晴れの歸還
四人の部隊長に仕へた名馬

帰還後に朝日新聞掲載の勝山号紹介写真。内地で撮影

新三郎は再会を期して上京団を結成

この年末から翌年初めに伊藤新三郎は高橋儀左衛門らとともに動いたのかもしれない。それ以後は、徐々に報道の重点が変化していく。軍馬になるまで育った岩谷堂町側に光を当てている。新岩手日報の一九四〇年二月一八日付の記事では、伊藤新三郎ら三人だけでなく組合長、県議らも一緒になっての上京が報道されている。

「軍馬岩手の意気万丈　武勲輝く勝

山号　緑の人達慰問に上京」

（略）十四年八月三十一日の廬山戦には飯塚部隊長諸共真向から鼻梁にチェッコ機関銃の掃射弾をくらって顔面神経を微塵にくだかれ、口がヒンまがってしまったが、何時かな屈せず、国宝部隊の岩手健児にも劣らず岩手軍馬のために万丈の気を吐いた名馬だ

「国宝部隊の岩手健児」については説明しておきたい。岩手県から出征した多くの兵士が所属した弘前歩兵第八師団のことである。日露戦争や満州事変での活躍で「国宝部隊」と称された。日本軍最精鋭を誇っていた。

軍馬としての誉れを押し出す際には、斬新な視点が求められる。読者の知っている話題とどう連結させるのか。その話題を知らない読者にとっても、興味をかきたてられる記事であるのか。他の馬との比較などは無理な話である。ある程度の事実の脚色は、美談を押し出すためには許容される時代だった。郷土の兵士の不屈の精神と一体にして描いたことは理にかなっていた。

伊藤新三郎は一つひとつの記事にどう関わったのか。記者への対応によって、新聞記事は質量ともに変化していく。そのダイナミズムというか舞台裏の事情について、前職の警官時代から新三郎は熟知していた。警察ＯＢの警友会の名刺などをおもむろに取り出す姿などが目に浮かぶようである。

上：勝山号への再会に東京の歩兵第一師団に駆け付けた岩手県慰問団一行。勝山号の左が鶴飼清四郎氏、右が伊藤新三郎、和服が高橋儀左衛門氏。下：勝山号を挟む伊藤新三郎と鶴飼清四郎氏

さて二月一七日、県内の畜産関係者の代表者らとともに伊藤新三郎、高橋儀左衛門、鶴飼清四郎の三人は上京した。三人以外の顔ぶれも紹介しておこう。

鶴飼勇吉、九戸産馬畜産組合久慈清輔組合長、同三浦榮五郎副組合長、同久慈辰巳指導員、江刺産馬畜産組合昆野精一郎組合長、

岩谷堂育成組合菅原忠左衛門組合長、岩手県産馬畜産会連合会田沼甚八郎嘱託、同福田幾一郎技師に、案内役として帝国馬匹協会の横田熊次郎獣医少将（岩手県下閉伊郡伊刈屋村＝現・宮古市出身）、さらに新聞社が付き添うという非常に大がかりな代表団だった。

これらの大人数が帝国馬匹協会を出発、部隊に到着すると、太田勝海中将（留守第一師団長）と面会。続いて脇坂獣医部長、橋本健治獣医中佐、秋山獣医務軍曹から「飯塚部隊長は戦死の直前まで勝山号にも是非勲章をやってくれといふことでした」と戦地での活躍を聞かされた。

感動的な再会は、一九四〇年二月一九日午後二時、赤坂連隊将校集会所前だった。この模様を、二一日付の新岩手日報朝刊記事「名馬勝山号を原隊に慰問す」より引用しよう。

……眉間（みけん）には軍馬として最高の栄誉である甲功章が燦然（さんぜん）と光っている。しかも一行の中から曾（かつ）ての主人公高橋儀左衛門サンや伊藤新三郎氏等の姿が見えたのでヒ、ヒンと二声三声威勢の良い声を張り上げて伊藤氏の肩に頬をすり寄せる愛しさに伊藤氏は声も出ず、勝山号のタテ髪を撫でている……。

また雑誌「馬の世界」一九四〇年三月号では次のような記事が見うけられる。

「（勝山号は）懐かしの旧主を待っていたが、伊藤氏の顔を見るや、耳をそばだてては何事かを聞きたい語りたいような面持だ」（略）伊藤・鶴飼両氏は「全く感慨無量です。重態だというので案じていましたが、元気な姿を見て安堵しました。今後の勝山号のことですが、もし払下げられるようなときには是非とも私どもの方へ御願いしたいと思います。動物園へ参って少国民への生きた資料として老後も馬事思想普及のために尽くすということも誠に光栄なことです。勝山号は私どもにいるときから内柔外猛と云いますか一寸普通の馬とは違っていました」

勝山号を前に甲功章の説明を受ける一行

さらに勝山号と賞状を前に中田軍獣医が武勲談を説明。小池調教師は三〇分ほどの軽い運動を行なって見せた。面会のために、軽米町側からの参加者はおはぎを持参していた。江刺側の参加者のおみやげは大豆と愛馬糖だった。ランタンの大好物は大豆であることは伊藤家周辺でよく知られていた。

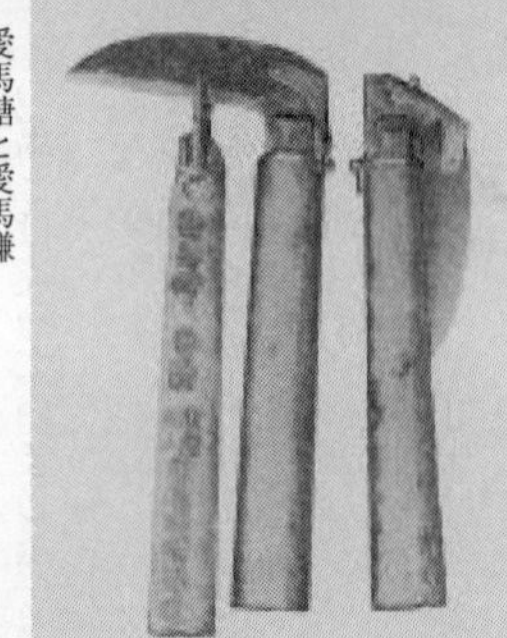

愛馬糖と愛馬鎌

ちなみに戦時下には陸軍獣医学校考案の軍馬用の慰問袋が存在していた。愛馬糖もその中に納められていた。前線へ相当数が送られていたと推定される。同時期に飼料刈取用の愛馬鎌も考案されていた。ちなみに愛馬糖の中身は確認できていない。糖みつにビタミン、ミネラル等を配合した畜産用の混合飼料は現在でも使われている。

さてその後、戦局が厳しくなる時期に伊藤新三郎はしばしば上京し、勝山号を見舞ったとされる。隔月で上京して手紙も獣医官に寄せていたことも紹介されている（水谷温『馬上集』）。母の記憶では軍側との往復書簡が長らく保存されていた。連絡を密にとっていたことの証しである。

新三郎にとっては、愛馬への思いを禁じられなかったのだろう。中国戦線から帰還して再会を果たせたといっても、遠くにいれば思いはつのるのである。

ある雨の日には勝山号の馬蹄の音が幻聴として立ち現われ、不安に思って翌朝を待たずに上京することさえあった。さらに下川部隊の営庭（兵営内の広場）に戦没軍馬のための馬頭観音が建立された一九四〇年三月の式典にも参加。勝山号が現れると、涙しつつ合掌していたという挿話は『馬上集』に紹介されている。

このあたりの事情は、伊藤貢『遠い嘶き』には一切記述されていないのである。ただ無理もなかった。当時戦地にいた貢は、この時期について疎かったことを付言しておきたい。新三郎の熱意について、当時の新聞には「人畜超絶の情愛」という見出しさえ散見される。これまた戦意高揚のプロパガンダ記事だろうか。ただ眉唾物であるとはいえない。一族の間では、「新三郎の性格なら家財を傾けてでもやりかねない」との説がむしろ共通認識になっている。

伊藤貢の大発見と大いなる誤解

だが愛馬の消息はその後不明になってしまった。何たることだろう。新三郎にとっても不可解であった。現時点では行方不明になった要因についての検証は不可能である。

勝山号の所属部隊が、伊藤新三郎を疎ましく思ったとは考えにくい。新三郎が愛馬の消息をたどれなくなった時期は、厳密にはどの時点であるかも現在では跡付けられないのが実情である。

第三ランタン号として中国大陸に渡ったのは一九三七年九月、奇跡的な帰還の後に再会できたのは一九四〇年二月。その後も再会しているが、ある時点からそれもかなわなくなった。

以下は推論にならざるをえない。勝山号の所属部隊は何度となく変更していく。その場所も変わっていく。ある時点から伊藤新三郎はその情報を入手できなくなったのだろう。馬の所属部隊も厳密には軍事機密である。新三郎への警戒心があったかどうかは別にして、所属部隊が元の飼い主にその都度報告を続ける義務はないのである。

岩谷堂町内で司法書士をしていた伊藤新三郎

勝山号の所属部隊が明らかになったのは、一九四二年秋。そして久方ぶりに再会するのは、一九四三年二月であると推測される。

いかにして再会を実現できたのか。眉唾物と思われるかも知れないが、窮地に陥った父を救って愛馬との再会を可能にしたのは息子の貢だった。一九四二年秋の時点で、神がかったような再会を実現した貢のふるまいについて、『遠い嘶き』から紹介してみたい。

一九四〇年八月、戦地から復員した貢は、岩手には帰らずに東京の表町警察署（赤坂警察署の旧称）で警察官をしていた。その日々に、一世一代のファインプレーともいいうる貢献を果たした。これ自体、まさしく驚くべきエピソードである。そこから誤解が生じてしまったという点でもきわめて興味深い。

山西省に出征、現役除隊後に上京し
東京で警官（巡査）をしていた伊藤貢

一九四二年の秋、赤坂区一ツ木町の警察の独身寮の屋上に貢がいた時のことである。この独身寮は高いコンクリート塀をはさんで、近衛歩兵第三連隊と隣り合っていた。そこには厩舎があって、時折、兵隊と馬たちの姿が目に入ることもあったという。

ある日の夕方、貢は洗濯を済ましてから一服していた。その耳に近衛歩兵第三連隊の兵舎の方で、兵士たちによる「カツヤマが……」という話し声が耳に入ったので強く驚いた。だが屋上から身を乗り出しても、馬の姿は見出せない。

もしやこの連隊に関係者がいるのだろうか。あるいは勝山号が近衛歩兵第三連隊にいるのではないかと貢は直感したのである。興奮のあまり寮内の同僚にも相談してみたが、警察官として自重すべきだという意見もあって、一週間ほど問い合われることをためらっていた。

ある非番の日に、貢は近衛歩兵第三連隊の歩哨に話しかけた。

「こちらに勝山号という馬がおりましたら、一目だけ会わせていただけませんでしょうか」

その名前の馬がいることは明らかになった。しかし営内の開扉は権限外であるので、正門に回って衛兵司令の許可を得るようにという返答だった。貢は獣医官医務室への連絡を依頼すると、中尉が軍曹と伍長を従えて現われた。中尉の判断で医務室へと通された。資料を見ながら、貢の話に耳を傾けていた中尉は、貢の記憶が詳細であり、資料と何の矛盾もないので驚きを示していた。この部隊に所属している勝山号こそ、あの有名な軍馬である。貢が再会を望んでいる馬と同一であることを断言するのだった。

まさにとんとん拍子で、中尉は勝山号と会わせてくれるという。馬場の端で待っていた貢は、鼻白で右後足一白という見覚えのある馬が近づいているのを見た。五年ぶりの再会である。

「どうです、間違いないでしょう」

中尉の言葉に、貢はただうなずいた。出征する時点とは違って、はるかにたくましくなっていた。馬体も一回り大きくなっている。貢は父にこの情報を伝えて、親子で再会したいと思うのだった。

別れ際に、中尉は意外なことを耳打ちしてくれた。近く新設部隊が編成される。勝山号はそちらに移籍することになっているという。

だが注目すべきは、次の論点である。この時点で貢は、この馬の所属部隊に関する正確な知識を持ちえなかった。この時兵営にいたのは近衛歩兵第三連隊ではない。第二次歩兵第百一連隊であったのである。

伊藤貢の『遠い嘶き』は全国の公共図書館で今も閲覧できる。長らく勝山号について、最も入手しやすい本だった。その中で、兵隊が馬を「カツヤマ」と呼んでいる声を聞き、近衛歩兵第三連隊へ勝山号に会いに行ったというエピソードは明記されているのである。

この個所を読んだ人は、勝山号は近衛兵の馬になっていたと理解して当然である。それを信じている人は今も一定数いる。勝山号が帰還後に近衛兵の馬になったという記述から、この馬に対する親近感と憧憬を高めた人もいるだろう。ただ貢の記述のこの部分は、事実ではないのである。

貢の誤解は無理もないことだった。彼が訪ねたのは近衛歩兵第三連隊の部隊ではなく、そもそもこの部隊が所在していた地に過ぎなかった。一九四二年の当時、近衛歩兵第三連隊はマレー作戦に関わっており、南方戦線にいたのである。東京にいることは不可能であった。現在とは全く異なる時代である。部隊の所在地は軍事機密であり、容易に知りうる主題ではなかった。貢はその兵舎に長年存在していた近衛歩兵第三連隊に勝山号が所属しているとばかり思い込んでしまったのである。

実は筆者も『遠い嘶き』の記述に幻惑された時期がある。「時期が不明であるが近衛歩兵第三連隊に勝山号が居た」と明記されていることを無視できず、同部隊の動きをたどり、勝山号の所属先を探ろうとした時期もあった。だがその前提に立てば矛盾は避けられなくなってしまう。したがって再検討をよぎなくされることになった。

思いがけない突破口は足元から見出されることになった。伊藤家で保管していた新三郎の名刺帖の中に、羽鳥部隊長と石丸副官の名刺を発見して、そこにメモされた「十八年三月」も手がかりにして解明することができた。結論として、勝山号が近衛歩兵第三連隊にいた事実はないことを確認できたのである。

勝山号は帰還後に近衛兵の馬になったという説は、『遠い嘶き』の誤記を根拠にして生み出された俗説である。この場で訂正して、今後はもう広がらないようにしなければならない。

左：東部第六十二部隊初代部隊長、加藤勝蔵大佐。小池政雄著『聖戦第一の殊勲馬　勝山号』の執筆を援助した。右：東部第六十二部隊第二代部隊長、羽鳥長四郎大佐。伊藤親子と勝山号の面会を許可した。のち、大陸戦線に転属し戦死

そのことを明記しておく次第である。

勝山号が所属した部隊の推移について、再度確認しておきたい。

。出征から帰還までは東京歩兵第百一師団・赤坂歩兵第百一連隊

。帰還後は留守東京歩兵第一師団・歩兵第一連隊留守隊（赤坂区檜町）↓東京独立第六十一歩兵団・第二次歩兵第百一連隊（檜町）↓同・第二次歩兵第百一連隊（赤坂区一ッ木町）↓同・第二次歩兵第百一連隊（川崎市溝ノ口）↓東京歩兵第六十一師団・第二次歩兵第百一連隊（溝ノ口）↓東京警備司令部・留守近衛第二師団・東京第一歩兵補充隊（溝ノ口）となる。

以上の変遷の中で、勝山号は藤田大

尉から数えて全部で一〇名の部隊長に仕えたことになる。

なお、『遠い嘶き』は部隊長の乗馬と記しているが、工藤朝野輔著『駒は嘶く』（一九四三年）によると、「勝山号は、現在は東部第六十二部隊副官の乗馬として同隊にあって」との記述があり、第二次歩兵第百一連隊・東京第一歩兵補充隊時代は部隊長乗馬ではなかった可能性もある。

日本馬事会雑誌によれば一九四四年二月現在、所属部隊は東部第六十二部隊で石丸副官の乗馬となっている。部隊長乗馬では再び出征の可能性がある。これ以上の酷使を避けようと、石丸副官の乗馬にして部隊として大事に扱おうとしたのではないか。筆者はその仮説を持っている。

行方を見失っていた愛馬との再会

さて一九四二年秋、勝山号と偶然再会できた際に、伊藤貢は中尉から「勝山号は近く新設部隊に移設される」と教えられた。早速、田舎の父・新三郎にその場所を伝えたいと思った。しかしそれ以後、貢は困惑する。軍事機密ゆえに新設部隊の所在地を教えてくれる人は見出せなかった。途方にくれていたが、警察官という仕事が役に立った。旧知の赤坂憲兵隊坂本曹長から次のような情報が寄せられたのである。

溝ノ口駅で下車して南の丘陵地に新しい兵営があること。この東部六十二部隊に勝山号も

昭和18年、感動の再会を果たした伊藤親子と東部第六十二部隊幹部。右端は小池政雄調教師

部隊長乗馬として移っているということであった。

翌一九四三年の二月一〇日かと思われる（三月説も一部に存在することを付記する）。貢は上京した新三郎とともに貢は神奈川県川崎市に赴いた。溝ノ口の第二次歩兵第百一連隊（通称は東部六十二部隊）に所属しているはずの愛馬を訪ねたのであった。

最初は衛兵が怪しんで面会を拒もうとした。同部隊に対して中国への出征命令が下っていた時期であり、衛兵は警戒を強めたに違いない。

事情を詳細に話すと、衛兵司令が取り次いでくれた。ようやく面会にいたった親子は、羽鳥部隊長、石丸副官から歓待を受け、勝山号と再会できたのだった。

勝山号はもちろん飼い主を忘れていない。

貢は羽鳥部隊長から馬に乗るように奨められ、冷や汗をかきながら部隊内をまわったと回想している。

新三郎たちにとって、この日は戦時中最後の面会となった。この日の様子については戦時中の日本馬事会雑誌にくわしく紹介されている。石丸少佐が投稿したと推察される。

「育ての親が在営の「勝山号」に二度目の対面」

兵隊さんに面会の時刻としてはまだ早いさる二月一〇日の午さがり、東部第六十二部隊の門前に、異様に大きな風呂敷包を両手に提げた一見田舎風の二人連れの紳士が現れて「馬に会いたくてきたのですが…」と申出た。

わけをただすと――加納、飯塚、布施、小川（正しくは下川）四部隊長の愛馬として大陸の戦線に有名をはせ誉の甲功章に輝いた「勝山号」の育ての親が久しぶりに会いたくて堪らなくなり、お土産に好物の豆と人参を携えて遥々岩手県から駈けつけたのであった。子供と同じように慈しんで長年手塩にかけた勝山号の身の上は育ての親 伊藤新三郎さん(56)（岩手県岩谷堂町字新地野堰上）の頭を離れなかった。勝山号が甲功章を貰った時も飛上って喜び、それから勝山第二世の育成を思い立ち、数百頭の馬の中から勝山と瓜二つの勝江号を見つけ出して、これを第二勝山と名付け、立派に育て上げて去る昭和一五年五月軍馬に献納した伊藤さんであった。

一方この父を助けて第一世勝山を鍛えたことのある次男の貢さん（赤坂区檜町六番地乃木坂クラブ）は、三年前北支戦線から帰還して樺太、東京両方の巡査採用試験に合格した人だがそのとき「迷うことはない、勝山のいる東京に出て。ときどき慰問してやれ」という父の勧めで上京、早速勝山を訪ね元気な様子を折にふれては知らしていたが、便りだけでは歯がゆいと新三郎さんも上京を思い立ち「勝山用」の畑で作った人参、豆を持参して、かくは貢さんと一しょに四年ぶりの対面をとげたのであった。

厩近くに通されて胸おどらせ乍らまつこと暫し、蹄の音に飛び出して行った新三郎さんが「おお勝山か」と愛馬の首を両手にひしと抱きしめて、いつまでも愛撫を続ける深い愛情の流露には馬匹委員の石丸少佐以下居合わせた兵隊さん達も感激させられた。

お前が兵隊さんなら二、三日でも休暇を貰ってあのなつかしい郷里の厩へ連れて帰ってやるのだが……と語りつづける新三郎さん父子はやがて許しを得てかわるがわる愛馬に跨ったのであった。この話に六十二部隊長も非常に喜び翌日は部隊長と記念の撮影をすませ、三度も受けた重症の今は跡かたもなく、大きくなった元気な姿に新三郎さんは安心して帰っていった、そして同部隊では早速この美談が披露され、全員の愛馬心を一層深めたのであった。貢さんは「父は本当に喜んで帰りました。御奉公を終えて除役になった暁は是非また引取ってやりたいと思っています」と語っていた。

（「日本馬事会雑誌第二巻第四号」一九四三年四月号）

貢の回想とは矛盾する記述もあるが、タイトルの「二度目の対面」というのは、新三郎のことを指しているのである。この時点で、「勝山号」をいずれ故郷に引き取るという夢は育まれていたのかもしれない。

ちなみに東部第六十二部隊が川崎市へ移転したのは、一九四二年一一月二〇日である。伊藤貢が奇跡的に愛馬と再会できた日を、同年の秋と記してきた根拠は部隊が近く移転するという情報を耳にしたことによっている。百一連隊の衛戍地は溝ノ口だが、連隊本部は川崎市宮崎にあったことも付記しておきたい。

第二勝山号、献納の裏事情

さて久しぶりの再会を記した文章の中に、第二勝山号についての言及があることを意外に思われたかもしれない。これは予想以上に興味深いエピソードなのである。

時間は数年間戻ることになる。第二勝山号という軍馬を、伊藤新三郎が陸軍に献納したことは、息子貢の出征と復員に密接に関わっていることを紹介しておきたい。当時の新聞は愛国心からの献納と報じているけれども、貢の戦地からの帰還（一九四〇年）を祝うという趣旨も大きかったはずである。一族の中ではそのように語り伝えられていた。

新三郎の次男・貢の軍歴について確認しておこう。一九三八年八月に弘前の歩兵第三十一連隊留守隊に入営し、北支山西省で歩兵第二百二十二連隊（歩兵第三十六師団・雪兵団）に従軍した後に、当時としては短期間で一九四〇年八月に除隊復員してきた。

陸軍に献納された第二勝山号と伊藤新三郎。馬喰「伊作屋」の助けもあって伊藤新三郎は第二の軍馬を陸軍に献納した

それを祝った新三郎は、かねてから用意していた馬を、陸軍に第二勝山号として献納したという思いだったらしい。一族ではそう語り伝えられてきた。新三郎のその振る舞いを大げさだとみなす親族もいたが、所属部隊のその後をたどってみれば、決して的はずれとはいえないだろう。

この歩兵第三十六師団は山西省で中華民国軍、中国共産党系の八路軍との激戦を展開した後に一九四四年にニューギア方面へ転属。歩兵第二百二十二連隊の主力はビアク島で米軍の上陸後、玉砕した。一九四〇年に復員しなかった場合、貢は後年に復員できたのかという思いを禁じ得ない。

ところで、そもそも第三ランタンタン号を伊藤新三郎に売ったのは、馬喰の高橋儀左衛門だった。儀左衛門はランタン号購入後も、岩谷堂から久慈の馬競りにも通っていた。そのことを「又の勝山号目ざし伯楽(ばくろう)連乗込む」(「新岩手日報」一九四〇年一〇月一五日付)と紹介している記事はほほえましい。久慈の二歳馬市場は好景気であった。「〝馬高く懐肥える〟の慚き風景である」と記者は記している。

ただ一週間後の同紙、一〇月二二日の記事ではその前年について全く思いがけない記述があった。これを見て、筆者は驚きとともに認識を変えざるをえなくなった。

一九三九年一二月三日、伊藤新三郎は、またも高橋儀左衛門から、性別・種類・毛色・特徴・用役等、勝山号に酷似した勝江(かつえ)という馬を発見して購入し、東条英機陸軍大臣に軍用保護馬として献納願いを提出したとあるのだった。

この個所を読むと、貢の復員と献納とは無関係ではないかと思わざるをえない。この日時とは、貢の復員のはるか前で、甲功章受章直後なのである。

この時点で、第二勝山号とみなされるような馬を購入して、献納したいという意思を表明している新三郎の行動力には正直驚かされた。だが地元紙では、その経緯についてはスルーしている。一週間前の記事との整合性についても無頓着である。一九四〇年の秋の時点での献納であることを報道しているのだ。

記事では「皇紀二千六百年奉祝の誠を披歴し併せて新体制下皇国国威の顕現と聖戦遂行の完璧を期し」ての献納だとまとめられている(「新岩手日報」一九四〇年一〇月二二日付二面)。

軍国美談を生み出した原動力

この記事について現時点から冷静に読み解いてみる必要がある。事実経過はこの際、厳密でなくても構わない。それが記者と新聞社の判断だったに違いない。軍馬を献納するニュースならば、読者の反応は良いはずである。ましてや岩手県が生んだ勝山号関係のニュース。何度でも報道に値するとの判断だろう。ただし息子の復員を祝してという記事にはできない。紀元二六〇〇年として書くべき。新聞社はそう判断したとみるのが順当であろう。

それにしても、わが曽祖父の時代に便乗しようという意識はやや過剰であったと痛感する。

再度整理するならば、勝山号授章発表が一九三九年一〇月二六日。その約一ヵ月後には第二勝山号を購入した。一年後の一九四〇年一〇月一五日の記事で高橋儀左衛門を紹介したのは、同年一〇月二二日の献納記事の前振りであろう。とうの昔に第二勝山号をめざす購入馬がいて献納願いを出していたのに、第二の勝山号を探しに市場に行ったという記事を報道させている。

新三郎の願いによって、記者はこの記事を書いたのかもしれない。前年に購入して飼育中だった馬をぜひ世間に知らしめたい。曾祖父はその秘策を新聞記者や高橋儀左衛門氏と企てたのだろう。世事やマスコミ対応に長けていた曾祖父である。軍国美談を生み出す原動力は、功名心の発露でもあったのだと推測される。

さて軍用保護馬としての献納願いについて解説しておきたい。軍用保護馬は在郷軍馬であり、軍に優先的に重用される馬。一定の資格を必要としており、訓練の義務もあった。馬糧も優先的に配給されたという。

東條英機陸軍大臣に提出された献納願いに対して、陸軍省からの採用通知が返ってきた。これも「第二の勝山号　伊藤さん陸軍へ献納」という新聞記事となった（「新岩手日報」一九四〇年一二月二七日付）。勝山号は岩手県内ではニュースになりやすかったのである。同年十二月に献納された第二勝山号の写真は、『ふるさとの想い出　写真集（明治大正昭和）江刺』に掲載されている。

その後、第二勝山号の行方については皆目見当がつかない。当初は勝江と呼ばれていた馬が第二勝山号になった。貢によると、献納されて以後は軍馬金高号となったと思われる。しかしその後の消息は不明である。それは軍馬の定めだったといえよう。戦争は激しさを増して、多くの軍馬が兵士たちと戦場で倒れていった。

東條陸軍大臣からの献納感謝状は、明治生まれの新三郎には大いなる名誉だったに違いない。自宅の火事によって戦後燃えてしまったが、後年に敢えて復元までしている。家族の冷やかな視線を浴びながら、終生大事に自室に飾っていたという。

ちなみに献納は寄付である。現在では死語である。満州事変以降の新聞紙上には連日のように登場する言葉だった。組織や行政単位などで募金を呼びかけ、陸海軍に兵器を献納する事例は多かった。岩手県内の事例としては、江刺からも一九四四年四月に軍用機の江刺号二機が献納されている。

献納兵器といっても多彩だった。軍用機の他には海防艦（報国号）、戦車など軍用車輛、銃砲、通信・衛生機材、はては鳩小屋まであった。梅干しの献納で陸軍大臣から感謝状を授与された例もある。

陸軍への献納兵器は愛国第〇〇号、海軍は報国第〇〇号、在外邦人からの寄付は興亜第〇〇号と命名されていた。

ただ伊藤新三郎は家畜商ではなく大農家でもない。一個人が献納のために馬を購入する事例はきわめて稀であったろう。一個人にそのような行為をうながす時代の空気と圧力について、直視することが求められているように思う。

もう一度故郷へ連れて帰りたい

一九四一（昭和一六）年一二月八日、大東亜戦争（アジア太平洋戦争）の勃発によって戦場は格段に広範囲となった。

軍馬は南方や東南アジアの戦場にまで送られていた。戦争は激しさを増して、多くの軍馬続けていた。

が兵士たちと戦場で倒れていった。そのさなかに勝山号は現役軍馬として手厚い飼育を受け

支那事変（日中戦争の全面化）以降に動員された軍馬の総数についても定説はない。約一五〇万頭とも言われる。八年間の戦争で軍民約二八〇万人が死亡、終戦時約五五五万名の陸軍将兵は連合軍への降伏を強いられた。

終戦の時点で生きていた軍馬たちの行方も不明である。戦地に置き去りにされるか、処分されるかだったことは容易に推測できる。ごく一部は中国軍など連合軍に接収されたと思われる。内地に残った馬たちにしても、食糧難のどん底で屠殺処分される場合は多かった。

軍馬の最後は悲惨だった。戦時中に愛馬精神が高唱された末路がこの現実だったのである。

八月一五日。戦争は日本の敗北に終わった。勝山号は異例の対応がとられた。この直前に部隊としての検討がなされていたのである（『遠い嘶き』）。

八月一〇日、副官石丸少佐を中心に部隊幹部が集まって、勝山号について協議が行なわれた。部隊長は一時安全な場所に退避させて、最終的に伊藤家に送り返すことを決定した。

八月一四日、日本馬事会は敗戦を予期してか、伊藤新三郎に勝山号の引き取りについて承知するよう依頼と打診を行っている。輸送費は同会が補助金を出す旨、申し入れている。

終戦を東京で迎えた伊藤貢は、一七日には岩手の実家に戻っていた。まさにその日に日本馬事会からの手紙が届いたという。

伊藤新三郎は早速返信している。勝山号をいつどこで引き取れるのか。それを一刻も早く明らかにしてほしいと要請した。だが日本馬事会からの返事はすぐに来なかった。しびれをきらした新三郎は、疑心暗鬼になっていたに違いない。九月五日には勝山号（ランタン）出生の地、軽米町の鶴飼氏に手紙を出している。当方も手不足で飼育は容易ではないと事情を記した。勝山号が帰ってきた際にはそちらで飼育は可能だろうかと問い合わせたのである。

鶴飼氏も戦後の混乱の中で引き取るのは大変だったに違いない。返事はないままにこの話は自然消滅した。なお新三郎の八月後半の日々を跡づけることはできない。終戦後には地主制度の解体で司法書士の仕事は多忙をきわめていくが、それはもう少し後の時期である。

九月一五日、一通の電報が届いた。東京の小池政雄調教師からである。

「カツヤマウケトラレタシジタクニテヘンマツ　コイケ」

素っ気ない電文である。ただ当時の状況を考えれば、長々とした電文にできないことも無理なかった。まぎれもなく吉報だろうと思いつつも、もしやどさくさにまぎれた食料詐欺ではないかとの疑念すら頭をよぎったという。引き取りに参上したい。ついては貴宅までの道順および貨車積み駅についてお知らせたまわりたいという内容のハガキを新三郎は投函した。同時に日本馬事会へも催促の手紙を出して双方からの反応を待った。

返事はまず馬事会からきた。状況は八月上旬から激しく変化しているのだった。当初は二名の付添で新三郎に送り届けることになっていた。八月一五日で状況は一変したことが容易に読みとれた。今後どうなるかは不確定で、近くの住民に払い下げることもありうることが記されていた。その表現に伊藤家の面々は肝を冷やした。食糧難の下では、払い下げは人間の食料にすることを意味していたのである。

その翌日、今度は小池氏からの速達が届いた。牛馬仲介者の手に渡る危険性もあったけれど、自分が預かってその危機は脱した。隣傍の厩舎で預かっている。ただ現時点で貨車に搭載することはきわめて至難であり、万一の際には岩手まで徒歩で連れて行くことも覚悟してほしいと記されていた。

まずは様子を確認しようと、伊藤貢は小池氏宅へと急行した。同年三月の東京大空襲を始めとして、東京の町の広範囲は空襲で焼け払われていた。貢も戦災の被害は承知していた。川崎市の小池氏宅を訪れた際に、終戦直後の大混乱を強く実感することになった。この馬を熟知している人がそばにいても、勝山号は恵まれた境遇とはいえなかった。まともな馬小屋ではない。狭い場所に押し込められていたことは『遠い嘶き』に記されている。

だれもが生きるのに精一杯であった。軽米町でも、新三郎宅でもこの馬の引き取りを迷ったほどである。小池氏の扱いを責められるはずはない。ただ近隣住民もこの馬の扱われ方を心配していた。早く岩手に帰らせたいと貢は痛感するのだった。

岩手に再度戻った貢は、新三郎と急ピッチで準備を始めた。連れて帰ることは至難である。念入りに準備しないと大変なことになる。この際に新三郎が長年培ってきた人脈や信用は最大限の効果を発揮することになる。

一〇月八日、役場より「払下軍馬受領の為の旅行証明書」を入手して列車乗車券を得た。次に岩谷堂町長による「功労軍馬輸送に関する証明書」を水沢駅長に提出して配車を依頼。これを受けた水沢駅長が仙台管理局に掛けあって貨車一両の配車許可を取りつけてくれた。こうして勝山号を輸送する貨車を東神奈川駅に待機させるという確約を取ることができた。親子の四日がかりの必死の努力は実を結んだのである。関係者の配慮に、筆者も感謝の念を持つ。

戦後の混乱はまだ尾を引いていた。空襲で鉄道網が寸断された個所もあった。輸送物資もあふれかえって定時運行はままならなかった。まして馬の遠距離輸送であるにもかかわらず、役場や国鉄からは破格の待遇が示されたといえよう。こうして一〇月一二日夕刻に、貢は小池宅を再訪したのだった。

翌日、勝山号を引き取る際の複雑な思いも『遠い嘶き』に記されている。小池氏宅を勝山号とともに辞去するに際して甲功章は渡された。ただ部隊から預けられた立派な鞍や馬糧等への言及もなかった。それは伊藤家サイドでは後々まで複雑な感情を抱き続けていく要因となっていく。

ただ先方には独自の事情もあったに違いない。万全な態勢でなかったことを責められるだろうか。何はともあれ、馬は無事であるということこそ大事であった。

さて東神奈川駅に着くまでの道中にも試練は待ち構えていた。片言の日本語をしゃべる闇屋の三人組に付け狙われるなど、何が起きても不思議はなかった。一〇時間かかって駅に到着すると、国鉄は信用を裏切らずに貨車を待機させてくれていた。芋俵を負う馬の姿を見ながら駅員たちは、「これがあの勝山号か……」と驚いていたという。

かくして、勝山号と伊藤貢を乗せた貨車は長い旅を始めることになった。一〇月一七日午後三時に水沢駅に無事到着した。五日がかりの長旅もあとは自宅まで徒歩で移動するだけである。

水沢駅から自宅までは一〇キロ離れている。徒歩で移動するしかない。北上川を渡って懐かしい愛宕村の小沢家の付近では、小沢新左衛門夫婦が出迎えて好物の大豆を食べさせてくれた。

岩谷堂町の中心部を抜けて増沢集落にある自宅まで帰る途中、一行は、山中の五叉路（五道ケ辻（ごどうがつじ）と地元民は呼称）へさし掛かかった。地元の人間でもよく間違えるその地点で、勝山号は迷うことなく伊藤家への道を選んだ。

出征から八年が経過している。その間、数多の激戦地を駆けめぐってきた。この馬は故郷を忘れていなかった。このエピソードを伊藤家の人びとはごく身近な人には伝えていくことになった。

この状況を伊藤貢は草稿に詳細に記述している。以下は『遠い嘶き』と重複しない。

このとき勝山は『イーホホ、イーホホ』と二声闇に嘶いて吃驚した。突然聞いた数年ぶりの髙嘶だった。勝山の嬉し泣きであろう。嘶きは夕食の後片付に立った母が耳にしたという。長屋門の前庭へ下り立ったとき、家族の黒い影に出迎えられた。私は『連れてきたぞ、勝山だぞ』と声を上げた。

これは一〇月一七日の晩である。家族に大歓迎を受けて、自宅の厩に入った勝山号は三度も寝返りを打ったという。通常、馬は立ったまま眠ることも多い。横になる時間は限られている。まして厳しいしつけを受けた軍馬である。故郷に帰ったという絶対的な安心感によって、横になったのだろうか。

一九四七年、突然の死

敗戦の嵐によって、勝山号の栄誉は過去のものとなった。再び農作業に駆り出される日々になった。伊藤家は格別に裕福ではなかった。戦後の食糧難は深刻であり、馬糧にも事欠く状況の中で小沢家・遠藤家など親戚からの応援は欠かせなかった。

勝山号の墓石。2005年現在

竹澤哲男『物言わぬ戦友』によれば、江刺稲瀬の菊池栄幸氏宅で、一九四六（昭和二一）年三月から約九ヵ月間、「伊藤新三郎から勝山号を預かり飼養」したとの証言が紹介されている。伊藤貢草稿では、玉里村老耳（たまさとむらろうみ）・阿部夏男、稲瀬村石関・小原（おばら）得志の両氏の名前も挙がっている。

戦前と同じく短期間別の家に預けられるという飼い方であったことは興味深い。この中で菊池栄幸氏のお孫さんと筆者は同級生だった。菊地栄幸氏への取材依頼を重ねてきたが、土壇場でいつも断わられてしまい、この件を語ろうとしなかった。

この馬の最期はあっけないものだった。伊藤貢はその異変を一九四七年五月のこととして記している。足の運びにかすかなもつれが見えたこと、さらに首が妙に揺らぎだして立っていられなくなったという異状を見出した。獣医さんに往診を頼んだが、その到着時には横になって腹部を大きく波打たせてあえいでいた。眼もうつろだったという。それから五日後の朝、息を引き取った。

一九四七（昭和二二）年六月四日。戦傷の神経障害の後遺症であろう。一四歳だった。

その最期に立ち会った、高橋邦麿元軍獣医少佐の強い希望で解剖が行なわれた。高橋元少佐は終戦間際に動員された歩兵第二百二十二師団、通称「八甲部隊」の獣医部長だった。

解剖では名馬に恥じないだけの大きな脳が取り出され、三、四センチもある迫撃砲弾の弾片も摘出されている。

「勝山号は戦後も生き残っていた最後の軍馬と思います。その最期に立ち会えて自分は幸せです」

高橋元少佐は新三郎にしみじみと語ったという。

勝山号の亡骸（なきがら）は、地元・万松寺（ばんしょうじ）の住職によって弔われ、伊藤家の裏山に葬られた。伊藤貢と満兄弟が埋葬許可によって示された深さまで十分に掘り進めた。一二名の男たち、親戚と関係者の力によって勝山号の遺骸は墓に運ばれたという。住職が読経を続ける中、勝山号は埋葬された。七三年前のことである。

住職は「勝山号は馬頭観音になった」のだと伊藤貢に告げたという。

その後、勝山号の墓傍には、伊藤家で飼われて死んでいった動物たちも葬られていった。

第六章　軍国美談はいかに報道されたか

熱い関心を集めた軍馬として

日本に帰還した勝山号は、なぜ多くの人に名前を覚えられたのか。どの点に人びとは感動したのだろうか。本章では勝山号を通じて、軍国美談の創られ方にスポットを当てていきたい。ちなみに、軍国美談は国民を戦争に駆り立てた。すべて偽りであると頭から拒否する人もいるだろう。ただ美談の一つひとつには個性がある。すべてが偽りでなく、事実の上に少し脚色されている場合も多いのである。

一九四〇（昭和一五）年三月三〇日、日比谷公園で朝日新聞社主催の「勝山号に感謝する会」が開かれている。サトウハチローによる作詩で「勝山号を讃へませう」という童謡が発表されている。

朝日新聞社主催「功労軍馬に感謝する会」参加の勝山号（「朝日新聞」昭和15年3月31日）

続いて、四月七日に「愛馬の日」を記念して行なわれた陸軍省主催「軍馬市中大行進」では一〇〇〇余頭の軍馬の先頭にたって勝山号が行進している。いずれも紙面で記事になっている。

この「愛馬の日」の一般参加者は二〇万人以上。歩兵・騎兵・野砲兵・（野戦）重砲兵など兵士たちは軍装で参加している。霞町、溜池から銀座、日本橋、須田町を経て靖国神社に至るコースの沿道を人びとは埋めつくしていた。

勝山号はこの日、代々木練兵場で宮殿下の手からニンジンを与えられて食べている。この日の行進では道路の両側からも、高い窓からも歓声と賛辞が降り注いでいるという記述が『馬上集』にも見うけられる。

まさに全軍馬の代表のような扱いでスポットライトを浴びている。靖国神社の招魂祭でも人びとの熱いまなざしはあふれていた。額に甲功章は輝いている。これによって老いも若きもこの馬をしかと識別できた。多くの人たちが生け垣をなすようにこの周りに集まってきた

上中：昭和15年4月7日、「愛馬の日」に皇族より人参を賜わる勝山号。日本を代表する軍馬として軍民にアピールする報道である。下：同じく「愛馬の日」、軍馬大行進が銀座三丁目を通過中

上：興亜馬事大会大行進に参加した勝山号。装備は完全でも騎乗せずは馬への労りか。下：興亜馬事大会で功労軍馬の筆頭は勝山号

上：同じく観閲を受けるためにロープの向こうに移動した勝山号(右)。
下：興亜馬事大会公式写真帳に掲載された勝山号

という（『馬上集』）。

最大のハイライトはその一年後、一九四一年四月七日、八日に行なわれた戦前最大の馬の祭典「興亜馬事大会」である。ここでは功労軍馬の筆頭として昭和天皇の天覧を受けている。四月七日一〇時四五分、模範軍馬、功労軍馬の前に田中（隆吉）兵務局長の説明で昭和天皇は歩を進めた。勝山号は功労軍馬（全軍代表）として一覧に掲載されている。午後からの輜重愛馬行進では先頭列に位置した。戦傷への配慮で従兵が徒歩で付き添ってのパレードだった。

翌八日も功労軍馬は展示された。この大会は、全国の馬事功労者が集合し、功績の大きな者は表彰された。勝山号の育った江刺地方では高萬（たかばん）という大きな家畜商が表彰されている。

これらの行事の意味は大きかった。戦時中の軍馬が注目を集めていたこと、人びとの愛馬精神も高められていたことは明らかである。その最高潮の瞬間にこの馬が軍馬を代表する存在として脚光を浴びた。

この馬を一目見たい。人びとがそう思うのも当然だった。勝山号を見学するために国民学校生徒、国防婦人会、愛馬の会などの見学者が部隊をしばしば訪れてきた。

関東高等女学校の松平教諭は「世にたかき名字ありにける武夫（ますらお）のかげにかくれし馬の勲（いさお）」と記した短冊を寄せている。

馬と人間の絆強き時代

当時も人間と馬たちとは深く結びつけられていた。家族の一員のようにして馬を飼っている家は珍しくなかった。昔も今も、動物たちの心あたたまる話題に人間は強く反応する。いわゆる軍国美談として、動物を採りあげることも多かったのである。

このような時代ゆえに、戦時中には馬及び軍馬に関する本も多く出版されている。その書籍で勝山号について言及されているのは不思議でない。

ただこの馬だけについて著した本は稀少である。小池政雄著『聖戰第一の殊勲馬　勝山號』がまず挙げられよう。この本は増刷された。また、勝山号の絵本が存在したとの証言もある。馬と少年少女の絵で「甲功章の勝山と乙功章の○○が……」という文面であったようだ。

なお注目すべきは、甲功章授与以前に勝山号を取り上げた本は皆無である。宮鈴号について何冊もの本が注目されたのとは対照的である。

過熱する人気の中で勝山号の銅像について計画が持ち上がっても不思議ではない。「新岩手日報」一九四〇年二月二一日には、県産馬組合連合会の提起で馬の彫刻で著名な伊藤國男に依頼して等身大の銅像を岩手護国神社境内と東京に建てる計画があると記している。

その後、この計画はどうなっただろうか。四年後に関連記事が掲載されている。

上：戦時中に出版された『聖戦第一の殊勲馬　勝山號』。一頭の馬を描いた読み物として本格的な一冊

「軍馬「勝山号」の雄姿なる」

（前略）児童まで軍馬と云えば「勝山号」、「勝山号」と云えば甲功馬とすぐに口にも心にも現れるほど親しみを克ち得たその「勝山号」は、岩手県産で現に○部第○○部隊副官石丸少佐の乗馬となり、曾っては加納、飯塚両部隊長を背に、江南の激戦場を馳駆した思出も当時身に受けた弾創も全く忘れたかの如く、頗る元気で服務し部隊一同から軍馬の神様の如く扱われているが、岩手美術連盟唯一の「馬」作家として知らるる伊藤国男氏により勝山号のありのままを写し取ることとなり、軍部の了解を得て去る六月以来原隊に通い現場にて彼の一挙一動にも目を放さずに製作にいそしみこの程見事に完成した。実物は高さ一尺三寸位、石膏造りでブロンズの着色がされ、雄姿躍

るが如くである。いずれその内機会を得て一般にも御目見えすることとなろう。

（日本馬事会雑誌第三巻第二号　一九四四年二月号）

記事によると一九四三年六月から製作を始め、翌四四年の初めに完成した。伊藤国男による軍馬、騎兵の作品の評価は高いが、この製作においても勝山号をしっかりと観察していることが示されている。等身大の銅像という計画は物資不足ゆえに困難になり、小型の石膏像の製作に落ち着いたのは時代事情から当然であろう。

この石膏像は戦禍を免れることができた。約四五年後、今から約三〇年前に日の目を見ることになった。伊藤の弟子が保管していた事実を確認したのは「勝山号を考える会」を提唱した阿部和司（奥州市江刺）、伊藤忠雄（同上）、千葉幹夫（奥州市前沢）の三氏だった。ご遺族の了承を得て、石膏像を原型にして等身大の銅像を製作することができた。三人で経費を出し合ったという。

当時の及川江刺市長が市長室に預かった上で、郷土文化館の完成によって同館で展示されることとなった（伊藤忠雄、阿部和司両氏からの教示による）。

このようにして、戦時中の作品を基にしてそれを蘇らせるような試みも筆者の子ども時代に実現しているのであった。

上：岩手県公会堂前に建設された伊藤国男作「支那事変出征記念馬像」。この建設開幕式で伊藤新三郎と鶴飼清四郎は同席し、勝山号のその後について話し合った。下：軍馬「勝山号」像。えさし郷土文化館で常設展示

各地から引き取りの希望が殺到する

さて戦時中に話を戻したい。注目すべきは銅像を造るというような、いわば間接的なプランだけではない。より直接的な願いが噴出したことに注目しておきたい。軍馬を退役した暁にはこの馬を引き取りたいとの申し出である。全国各地からの自薦他薦が殺到したのだった。

まず民間に払い下げられるという噂が飛びかったことが出発点になっている。払い下げ希望者の殺到。多くの上申書も寄せられてきたという。そのすべてを紹介することは不可能である。最も有力視されていたのは、地元である岩手県水沢町の駒形神社での神馬（しんめ）、上野動物園、明治神宮での神馬、出生地の岩手県軽米町に払い下げられるべきとの提案だった。

駒形神社の案は、伊藤新三郎らとともに上京した、岩手県畜産馬連合会・田沼甚八郎嘱託が太田勝海中将（留守歩兵第一師団長）に向かって要請したのが最初である。馬齢を全うした際には馬神として祀りたいと発言している。

上野動物園説は出処不明である。岩手の田沼嘱託は要請した時点で、上野動物園に引き取られる説が存在していると言及している。その場合にも県畜産馬連合会として飼料だけでも送りたいと誠意を示している。動物園ならば、少年少女の愛馬心を育むためにも最適だと思われたのかもしれない。

明治神宮の神馬説もまた出処不明だが、何の不思議もない。実際に功労軍馬が神馬として余生を過ごした例は各地に存在していた。

軽米町への払下げに関しては、「名馬の心を誰が知る　受勲勝山号を神馬に　郷里へ交付方を陳情」（「新岩手日報」一九四〇年三月七日）という記事を確認できる。町議会で、「勝山号を軽米へ払下げ神馬とする懇請」すると議決し、近く上京との記事である。名馬誕生の地の対応として自然な対応である。

篠崎和修『名馬勝山号』によると、とりわけこの軽米町への払い下げを求める声は強く、関係者は熱心だったようである。ただ軍の最終的判断としては戦傷も回復してきた。まだ八歳馬ゆえに現役の軍馬として、兵士たちへの教育的資産としても活用するという判断が下った。

留守歩兵第一連隊を経て、歩兵第一連隊補充隊（東部第六十二部隊）にての預かりになったのは、既述の通りである。

勝山号をみつめた子どもたち

軍馬生産の国策を支えたのは国民である。その中には少国民と呼ばれた子どもたちも含まれていた。

それを物語る一資料が後藤斯馬太編『馬の綴方』大日本騎道会編（一九四一年）である。軍馬資源保護法宣伝　全日本小学児童作文集という位置づけの本で「軍用保護馬の検定検査を見学して」の標題で、全国小学校児童（高等科を含む）四年生以上を対象に綴り方の募集を行って、各県一等作品を収録した一冊である。課題は「馬」「軍馬」でも可としている。総作品数は不明だが、全国で一等七三点、二等三五三点、三等九五七点の計一三八三点もの作品が入賞している。岩手県は二・一〇・三〇点計四二点であった。

本書には子どもらしい素朴な作品、大人受けする立派すぎる作品の双方が掲載されている。自宅の出征軍馬を案じる作品は涙を誘うもので一等の七三点中、勝山号に言及した三作品がある。以下に抄録してみよう。

①「軍馬と言うと私はすぐに勝山号を思い浮かべます。勝山号はこの間下川部隊と共に晴れの帰還をした甲功章に輝く名誉ある軍馬です。けれども私は今まで軍馬についてはあまり知りませんでした。（以下略）」（埼玉県川越市第三尋常小学校尋常五年・女子）

②「（映画『暁に祈る』に出てきた軍馬と比較して）又我が岩手県の出産『勝山号』も支那事変でりっぱな手柄を立て南部駒の誉をあげた事もあります。其の外馬の手柄話は数えきれない程あります。（中略）私達も『愛馬デー』には公会堂の前に集り市内行進何百頭の馬に人参を食べさせました。そうして八幡様、護国神社に参拝して戦地に出征している軍馬の武運長久を祈りました」（岩手県盛岡高等小学校二年・女子）

上：飯塚部隊長の墓前で帰還を報告する勝山号、中田獣医中尉、小池調教師。下左：勝山号も参加した「興亜馬事大会」のパンフレット。下右：「馬の綴方」表紙。子どもたちも国策に関わらざるを得なくなった

③「(前略) 彼の勝山号は支那事変がおこるや勇躍出征し上海戦以来加納、飯塚、布施、下川の四部隊に仕えて転戦又転戦、身に敵弾を受けること三度、傷の癒えるを待っては前線で活躍し金鵄勲章にも比すべき名誉の『甲功章』をもらったという。このように兵士達の輝かしい手柄のかげには、この無言の戦士のなみなみならぬ労苦のあることを私達は忘れてはならない」(鹿児島県児島郡福平尋常高等小学校六年・男子)。

①は勝山号の名前だけは知っていても軍馬とは何かを知らなかったと素直な感想が述べられている。

②は岩手県内で著名なチャグチャグ馬子や盛岡での「お羅(せ)り」も描いているので、高齢世代にはなつかしいことだろう。映画「暁に祈る」は正確な題名は「征戦愛馬譜 暁に祈る」。軍馬への関心を高めるために陸軍省が後援・指導し製作。一九四〇年四月公開で勝山号が帰還して有名になった時期と重なっている。主題歌である同名の戦時歌謡も有名である。

③の鹿児島の小学生が事実関係を正確に把握していることに驚かされる。新聞の影響力の大きさをまざまざと実感させるものがある。

ちなみに軍馬に関する報道量は満州事変以降だけでも膨大な量である。愛馬美談も無数にある。教科書や絵本に登場する有名な軍馬は何頭もいる。ただこの作文集で三度も固有名詞が出てくるのは勝山号だけ。当時の少国民でこの馬の記憶をとどめている方々の多いことは資料からも分かる。

東京朝日新聞の主要記事から

以上の叙述から、何を読みとれるだろうか。勝山号が有名になったことは必然性を持っていた。まずその点を指摘しておきたい。

時代の追い風を受けている主題である。子どもたちからお年寄りまでの興味と情感を引き出せている。全国に関わりを持っている人たちがいる。メディアによって知名度は高められている。

奇跡の軍馬としての宣伝は、国策にもかなっていた。ただ無数の軍国美談が紹介される時代だからこそ、インパクトは必須だった。現代のヒット商品や流行の背景ともほぼ共通していることは、容易に見て取れるだろう。まして当時は戦争中である。国民が心を一つにして、聖なる戦争に勝利することが求められていた時代に、勝山号の名前が記憶されていく必然性は大きかったのである。

それにしても東京朝日新聞を始めとして新聞社の貢献は大きかった。戦時中の新聞社として在京出身者の多い、歩兵第百一連隊の動向を丹念に取材しており、勝山号を見逃すはずがなかった。

東京朝日新聞が勝山号について、どのような記事を掲載したかを以下にたどっていこう。

最初の独自報道から子どもたちをもひきこむ記事だった。

「戦線だより　名馬勝山号　五代の勇将に仕へて殊勲甲」

〔南昌にて寺田、大沢両特派員発〕砲煙こめる南昌の第一線で奮闘されているわが下川義忠部隊長の愛馬「勝山号」はこんど軍馬行賞の筆頭にあげられ、名誉に輝いておりますが兵隊さんの金鵄勲章にも値する軍馬功労賞、殊勲甲の名馬はいったいどんな手柄をたてたのでしょうか。

「勝山号」は岩手縣軽米町の生まれでウチアノ種の栗毛、当年七歳の牡です。一昨年九月事変がはじまるとともに軍隊に買上げられ勇んで大陸の戦線に出征しました。上海上陸当時は加納部隊の藤田悌次郎大尉の乗馬として敵弾雨飛の戦場を馳駆しましたが、不幸最初の主人藤田大尉はまもなく戦死されたので、引続き同年十月呉淞敵前渡河戦に敵弾に斃れた加納部隊長の愛馬「宮鈴号」の代りをして加納部隊長に仕え奮戦中、こんどは加納部隊長が戦死されたので、その後は飯塚部隊長の乗馬になりましたがまた不幸が続き、昨年九月の廬山戦で第三代目の御主人飯塚部隊長を失い、更にそののち〇〇部隊長、下川部隊長と五代目の部隊長に可愛がられていますが、自らも三度誉の戦傷を受けながら、御国のために怯まずに奮闘し続けてきたのです。最初は一昨年十一月十八日蘇州河敵前渡河直前敵の迫撃砲弾の破片を右の鬣の下にうけ、更に昨年五月一日湖北戦線溝安墩の激戦で右後足に小銃弾の貫通、また昨年九月はじめ廬山秀峰寺附近の戦いで左眼のすぐ上をチェッコ弾に射抜かれ血に染まりました。

一、二回の戦傷は案外早く全快しましたが、第三回目の時はたいへんな重傷が因で、首の神経に故障が起り、直行が困難になり危うく廃馬の運命におちるところでしたが、幸い勝山係の獣医秋山袈裟郎軍曹（埼玉県）馬取扱兵石渡千之助上等兵らのほとんど寝食を忘れた手当の結果、つつがなく全快。その後修水渡河戦につづいて南昌攻略戦に元気一ぱいで参加し尊い任務を果たしたのでした。

記者は颯爽やかな南昌戦線でハリきって活躍している「勝山号」を訪ねると、ちょうど第一線から帰り、褒美に好物の人参をたべている最中でした。三か所の戦痕は過ぎし奮闘を物語るごとく生々しく見えましたが、そばで秋山、石渡両勇士が鬣を軽く撫でながら「オイー勝山号よおまへはこんど勲章をいただいたのだよ」と人に物を言うようにいい聞かせますと、この無言の勇士「勝山号」は知ってか知らずかヒヒン！と秋空に高く嘶きました。

（東京朝日新聞　一九三九年十月二十九日）

布施部隊が秘匿対象のままである以外は、物語・美談調であるが、要点を押さえた記事ではある。この馬を支えた兵士たちも特に宮鈴号の関係など、軍関係者に直接取材した跡がうかがわれる。

「甲功章をいただいた勝山号晴れの帰還　四人の部隊長に仕えた名馬」

上海戦以来、砲煙弾雨の中を勇ましくはせまわり加納、飯塚、布施、下川四代の部隊長につかえ三度も敵弾が命中、戦傷しながらもひるまず第一線で活躍した「勝山号」。軍人の金鵄勲章にも値する名誉の「甲功章」を授けられた物言わぬ戦士「勝山号」はこのほど帰還しました。今は、原隊の厩舎で、同じように無事帰還した軍馬たちとともに大陸からの伝染病予防のために隔離されていますが、「勝山号」は岩手県軽米町に生まれた当年八歳のウチアノ種の雄で、栗毛もつやつやしく、鼻白、ピンと立つ耳も可愛く、帰ってからも非常に元気で隊の兵隊さんの人気者となっています。

戦線で受けた三度の負傷のあとは身体や顔に大きな跡となって残っていますが、もう、すっかり回復しています。とても、おとなしい馬で、先日、故飯塚部隊長が教官だった明治大学へ中田中尉につれられて行きましたが、多数の学生のいる講堂に曳きいれられても、ちっとも驚かずおとなしくしていました。近く、加納、飯塚部隊長のお墓参りにもつれていって頂くはずです。

この「勝山号」の武勲を讃えていろんな方面からぜひ払い下げて頂きたいとの申し込みが来ています。まず、上野動物園に寄贈して頂きたいと古賀園長さんらが陸軍省にお願い

勝山号の命の恩人、中田昌雄陸軍獣医中尉と勝山号

しました。

島田農林大臣も「勝山号」の老後の世話をしたいと願っています。島田さんと故加納部隊長は同郷の島根県出身で仲の良いお友達でした。加納部隊長が一昨年呉淞クリークの激戦で壮烈な戦死を遂げる前「この馬には金鵄勲章をたのむ」と云って居られたということをきいて島田農林大臣は亡き加納部隊長への美しい友情から「自分の手許において老後の世話をしてやりたい」と願い出たのです。

各神社からも「神馬にしたい」と願い出ています。でも、「勝山号」は現在は隔離中であるので、その長い期間がすぎなければどうすることもできず、今は全く負傷も治って立派に軍務につくこともできますし、このような名誉の馬は老後も軍隊で養ってやりたい意向も強いので民間に払下げられるかどうか未だ決っていません。陽春四月に行われる愛馬祭にはぜひ参加させたいと云っていますから、さん然と輝く金色の「甲功章」をつけて颯

爽と行進する「勝山号」の勇姿が見られるかも知れません。（東京朝日新聞　一九四〇年二月一八日付　こども版）

まさに岩手県勢が勝山号に面会に行ったその日の記事である。列車内でこの記事を何度も読み返していたとしたら、伊藤新三郎らはほくほくと緩んだ顔をしていたに違いない。

一月二六日に部隊に帰還した勝山号は早速、飯塚部隊長が配属将校だった明治大学を訪問している。さらに今後の行事予定についても触れているが、すでに勝山号がキャンペーンの主人公として注目を浴びている証拠と言えよう。

「勝山号も焼香　軍馬の慰霊祭」

大陸の戦野に数々の殊勲を樹てて散華した下川部隊の戦没軍馬慰霊祭は二十八日午後一時から原隊で厳かに執行された。

合祀された軍馬は呉淞クリークの敵前渡河戦で名誉の戦死を遂げた故加納部隊長の愛馬〝宮鈴号〟を始め上海、廬山、徳安、〇〇攻略等の激戦に部隊将兵と共に敵弾雨下を、或は征野千里の泥濘を死闘し、将兵にも劣らない殊勲を樹てたが惜しくも戦場の華と散った物いわぬ勇士〇〇〇頭である。原隊一隅の馬頭観世音際の祭場には大陸で生死を共にした懐しい主人勇士の心からの供物、色とりどりの花束、愛馬の会寄贈の好物の人参等がその労苦を讃えるかの如く山と積まれている。

千葉市満蔵寺住職森田彦英伍長が導師となって開式、下川部隊長代理坪井少佐以下労苦を共にした帰還将兵も参列し亡き愛馬の冥福を祈ったが、この日同部隊の功労馬「勝山号」も例の甲功章を眉間に輝かせながら中田中尉に曳かれて列席、亡き戦友軍馬の霊前に長い顔をうなだれていた。【写真は霊前の勝山号】（朝日新聞　一九四〇年二月二九日夕刊）

部隊解散を前に戦没軍馬慰霊祭を執り行うのがいかにも日本陸軍らしいが、勝山号の動静も写真入りで記事になっている。

「お彼岸床しき賑い　額づく遺児や帰還の勇士」

（略）墓参の人で賑わう多摩墓地のお昼時、愛馬を連れて飯塚部隊長の墓前に感激の報告をしていた獣医中尉―加納、飯塚、布施、下川、四代の部隊長に仕え、しかも三度の戦傷にもひるまず奮闘、この程郷土部隊と共に晴れの帰還をした殊勲馬〃勝山号〃と傷ついた勝山号を看護した下川部隊中田昌雄獣医中尉（渋谷区原町四）である。沈丁花の咲き匂う墓前で部隊長の英霊と愛馬勝山号の無言の対面〃部隊長殿！勝山号はこの通り元気で帰還致しました。部隊長殿のお望み通り勝山は甲功章を戴き軍馬として最高の栄誉に輝いています〃中尉の報告はふるえていた。（以下略）（朝日新聞　一九四〇年三月二二日）

戦時下のお彼岸を伝える記事なのだが、ここでも部隊長の墓にお参りする勝山号が主役となっている。ここまで何度も紹介して有名にならないはずがない。さらにダメ押しのように朝日新聞社は軍馬慰問感謝の自社事業を企画していた。

「『勝山号に感謝する会』　三十日午後一時から日比谷公園広場で」

今事変に出征、三度も傷を受けながら、ひるまず働いて甲功章を頂いた軍馬「勝山号」に感謝する会が三十日午後一時から本社主催で日比谷公園広場で行われます。（雨天の際は翌日）

左の頌は勝山号のいさおを讃える歌で当日も歌われます。

童謡「勝山号をたゝへませう」サトウハチロー作詞（注、歌詞部分は原文ママ）

1、おぼえてゐますか　ゐますとも　勝山號の　はたらきを　三度も傷を　受けながら　進み進んだ　いさましさ　みんなでたたへよ　そのいさを

2、三人までも　部隊長　乗せて元気に　弾丸の中　トーチカクリーク　なんのその進み進んだ　いさましさ　みんなでたたへよ　そのいさを

3、ものは言へない　お馬でも　國をおもふは　只ひとつ　栗毛のたてがみ　なびかせて進み進んだ　いさましさ　みんなでたたへよ　そのいさを

4、晴れて輝く　手柄をば　今こそたたへよ　そのいさほ　額に光る　甲功章　とはに消えない　この名誉　ほんとに立派な勝山號
（朝日新聞　一九四〇年三月二〇日　＊三月三〇日の行事予告）

この戦前を代表する大衆詩人サトウハチローの歌を前面に出し、勝山号を主賓とした行事が帰還から二ヵ月足らずに進められたという事実を我々はどう解釈すべきだろうか。しかもこの歌は極少数だがレコード化されているらしい。何が軍や大新聞社をここまで動かしたのだろうか。この行事は次のような記事になっている。

「『勝山号は強かった』功労馬三頭に感謝章」

本社主催の「功労馬に感謝の会」は暖かな三十日午後一時から日比谷公園広場小音楽堂で開かれ、甲功章に輝く「勝山」「桃山」「宮長」の物言わぬ三勇士も式場に臨み初めて市民の前に帰還の挨拶をした。来賓として馬政局馬政課長工藤大佐をはじめ陸軍省兵務局員出水少佐、大日本騎道会主事後藤大佐等多数出席。泰明小学校児童も列席して開会。同小学校五年生小坂信也君の手によって「勝山」「宮長」「桃山」の各号順序に首飾りの感謝章と御馳走の人参を贈った後、本社編集局参与服部亀三郎氏の表彰の言葉、続いて泰明小学校二年生の糸賀和子さん、同五年生小坂信也君の「勝山君よく戦ってくれたネー」の綴方

「勝山号」の朗読あり。出水少佐の「今事変に於ける軍馬の働き」と題する講演で第一部を終わり。コロムビヤ児童合唱団の独斉唱、たつる会会員の児童舞踊、続いて陸軍戸山学校軍楽隊の勇壮な軍歌演奏などもあって同三時全参集者はこの物言わぬ「美談の主」への感謝と称賛の中に式を閉じた。(朝日新聞　一九四〇年三月三一日)

勝山号フィーバーの圧巻は、四月七日愛馬の日の一連の行事である。先に概要を紹介したが、朝日新聞はどのように伝えたか?

「先頭に勝山号　愛馬の日　軍馬の市中行進」

七日〝愛馬の日〟は全国各地でものいわぬ戦士、軍馬に対する感謝と慰労の催しが行われたが帝都では陸軍省、農林省をはじめ帝国馬匹協会、軍用保護馬鍛練中央会等各団体主催の行事が麗かな日曜日の人出に合して賑やかに行われた。圧巻は陸軍省主催の軍馬市中大行進だったがこの日、代々木練兵場や秋葉原、汐留各駅、深川木場、昭和通り、厩橋などには朝から小学児童が出動して民間馬に人参のサービス、このほか一般市民の中には当日の行楽に人参持参で出かけた組も多かった。

代々木の練兵場には賀陽宮治憲王、同章憲王両殿下、東久邇宮俊彦王殿下、李沖禄御同伴の李鍵公妃殿下の御姿も拝され各宮様方には名馬勝山号に人参を賜った。

軍馬市中大行進は歩、騎、野砲、重砲各部隊の軍馬に東京、神奈川、千葉、埼玉各県の軍用保護馬、日本競馬協会、学生乗馬隊の数百頭を加えて一千余頭が参加し午後一時代々木を出発。延々半里にも及ぶ軍馬の列を作って割れるような沿道の歓呼に応えた。行進は霞町、溜池から銀座、日本橋、須田町を経て午後四時靖国神社に到着したが何とその列の美しさ、先頭の軍楽隊に続く勝山号をはじめ数頭の殊勲馬には花環が山ほど飾られ、続く歩、騎、砲各部隊の兵士は一斉に鉄兜を光らせ馬も砲車もすべて戦闘のときとそっくりの装備だった。沿道の人出は二十万以上、かくて行進の人馬は続々と桜咲く靖国神社に入って参拝、解散した。

【銀座で花環を貰う勝山号（上）】（朝日新聞　一九四〇年四月八日付）下は東京朝日新聞同上記事【愛撫される勝山号】

なお、この記事は全国版と東京版とでは時間差もあり、写真が差し替えられている。東京版には子どもたちの喜びをとらえた写真を用いている。

四月七日から少しおいて、また勝山号の美談が朝日新聞を飾った。一般人以外にも部隊の将兵らも勝山号の動静に重大な関心を抱いていたのだろう。

「おい勝山・俺だ　人参土産に〝戦友〟の慰問」

盧山秀峰寺に武勲薫る故飯塚国五郎部隊長の三周年法事が三日午後一時から芝区三田豊岡町六三龍源寺で執行され伊藤、佐藤両中将、川崎秀一中佐をはじめ旧部下勇士等五十余名も参列して故部隊長の冥福を祈ったが、参列者の一人故部隊長の当番兵だった東京市蒲田区羽田三ノ二九九に八百屋を営む軍曹磯部惣一郎さん（三一）は故人を偲ぶと共に故部隊長と共に生死の間を往来した殊勲馬「勝山号」に思いをはせ法事が終わるとすぐその足で、原隊を訪問、羽田から携えてきた人参を「勝山号」に与え磯部さんの上官思いと愛馬心は原隊将兵をホロリとさせた。

東京朝日新聞

先頭に勝山號

愛馬の日　軍馬の市中行進

上：功労軍馬の先頭を行く勝山号には数々の花束が捧げられた。下：東京版には別の写真を使用

戦時中最後に発表された勝山号の勇姿。肩章付四五式の将校服だが、62の襟章が見えるので、古参の将校か。石丸少佐の可能性がある

磯部さん（当時上等兵）は初め藤田悌二郎少佐の当番で「勝山号」は藤田少佐の乗馬だった。そして藤田少佐が呉淞クリークの激戦で戦死、磯部上等兵も同時に負傷して一時別れ別れになったが飯塚部隊長を迎えて当番兵と愛馬の因縁は再び結ばれた。仲よく部隊長に仕えて弾雨下の生活約一年、磯部さんにすれば勝山号は物こそ言わね（ど）忘れられぬ戦友だった。

飯塚家から法事の案内状を受取ったときすぐピーンときたのが「勝山号」の身の上だった。何より好物な人参を…それも葉のついた人参をと市場にも出なかった葉付きの人参を捜し求めこの麗しい慰問となったもの。磯部さんの話－葉のついた人参を思って捜すのに骨を折りましたが「勝山号」の元気な姿を見てそんな苦労も消し飛びました。商売はお手のものの八百屋です。

これからも軍のお許しをえてときどき慰問してやるつもりです。

（朝日新聞　一九四〇年九月四日付）

以上、東京朝日新聞の主要な記事の紹介を試みた。その他東京版を持つ他の新聞社や中小新聞を含めるとこの何倍もの記事はあるに違いない。他に雑誌やラジオ、ニュース映画も多く存在していた。まさに最大級の扱いを受けたと言える。

読者諸賢は東京朝日新聞の記事をどう評価されるだろうか。それぞれの記事に記者の個性や力量は示されている。読者の気持ちに届くような記事であることに注目したい。

戦後の朝日新聞の記者の多くは、戦前の新聞が戦争を煽り立てたことを強く自己批判し続けた。ジャーナリストとしてのその姿勢について、論じるつもりはない。ただ、勝山号の記事に示されていた読者の心の琴線に響く筆致までを戦後長らく否定してきたのではないだろうか。

客観報道というスタンスを錦の御旗のように前面に押し出すことは、戦時中との訣別を意識していたのかもしれない。ただ、客観報道による記事だけでは、読者の新聞離れはさらに進んでいく。新聞各社もその危機感と自覚を近年は強めているようだ。

朝日新聞においても、紙面の構成や記事のスタイルについて悩みながら、紙面の改革を試みているようである。そのこととの関連でも、八〇年前に軍国美談はいかに報道されてきたかという点から本章の記事はきわめて示唆的ではないかと思われる。

第七章　いま勝山号をどう見つめるのか

馬が不可欠だった戦前社会

馬が日本社会でどれほど必要とされていたのかをまず最初に確認しておきたい。

農業の基本的な作業に田畑を掘り起こす耕起がある。この作業は日本、とりわけ東北地方では長らく人間の力で行なわれてきた。江戸時代までの馬は武士など限られた人々が所有していた。庶民が身近に飼える動物ではなかった。

明治期以降に状況が変わる。馬車や材木の切り出しなどの各種の運搬作業、農作業でのその高い能力を評価する人たちが、馬を活用していく気運を高めた。明治末には、馬に鋤を引かせる画期的な馬耕が広まる。軍馬としての需要も急速に拡大し、農家で馬を飼う人がさらに増えた。

こうして明治期以降に馬耕の普及と軍馬としての利用によって、各地の馬市は一段とにぎわっていく。一方、明治末期以降は軍の馬政計画が存在する中で、馬の飼育と生産がなされたことも明らかである。多くの職業人が馬に関わり、獣医制度の普及や家畜共済などの国策もあって、馬の飼育が支えられていた。

一九二七（昭和二）年の岩手県議会では、県の農政の基本方針において牛と馬のいずれを重視すべきかで論争があった。後の県知事国分健吉ら牛派は岩手の農業にふさわしい牛の飼育拡大を主張したが、強固な南部駒ブランドや国策での軍馬育成という後押しがあるので馬派が優勢だった。国策が前面に出てくることで、自由な議論が困難になってしまったと思われる。

当時の岩手県は全国屈指の馬産地であり、馬を中心に生活や社会が成り立っていた。だが地域が違えば事情は異なってくる。西日本の方が発動機主体の機械化農業も牛の導入活用も東日本よりも進んでいた。ただ西日本でも鹿児島県など馬が優位性を持つ地域が存在する。一括りには言いがたい。

全国で共通するのは長期にわたる戦争が農村の状況を変えた事実である。馬は動員で戦地に徴用され、馬を操る一家の主人や若者も兵士として出征していた。農村に残されたのは老人と女・子どもたちで、労働力不足があらわになっていた。その一方で長期戦を支える食料の増産確保は急務となり、農村へ過大な要求が課され続けていた。

そのような変化の中で、代表的な馬産地である岩手県でも牛に注目する人が増えていく。

体格は馬よりやや小さく、力は強いが動きは緩慢なので女・子ども・年寄りでも扱いやすい。朝鮮からの導入も進んでいた。飼料の自給も可能だった。これらの利点によって馬産地である岩手県でも牛耕が次第にクローズアップされていた。

一般的には、戦後初期からにわかに牛に注目が集まったという理解も多いが、戦時中からその兆しが生じていたと見るのが的確であろう。

さて終戦後は食糧増産によって、再び農村が活気づいていく。多くの地域でそれを支えたのは馬と牛の二本立てである。戦後は軍馬を必要としない時代に転換した。同時により手間のかかる馬産は次第にすたれ始めていく。

江刺地方に今なお残る「馬魂碑」(広瀬地区)。他に旧街道沿いに馬頭観音碑など数えきれないほどある。かつて馬と人が暮らした時代は確実にあったのだ

戦後しばらくは大規模な土地改良は稀であり、牛でも十分こなせる程度が水田の規模面積であった。馬産地である岩手で馬は一挙に消えないが、昭和三〇年より

も前の時点で馬よりも牛が前面に立って土地を耕し、地域の農業を支えていくようになった。だが昭和四〇年代以降はさらに状況が変わる。牛は肉牛・乳牛としてのみ生産されるようになった。耕まで姿を消す。大規模な土地改良とトラクターの普及で牛

振り返ってみれば、戦後は一貫して馬の数が減少していく時代だった。それは戦争がない時代だからではなく、農業と農村の変貌、石油文明の制覇という巨大な文明史的転換の下で強いられた変化であり、農家の選択もそれに沿うものであった。

勝山号の運命をたどることは、日本社会での馬事文化の衰退をどう見つめるのかという主題と折り重なっているのである。

戦争を支えていた馬、鳩、犬、その他の動物

さて本書では勝山号を含めた軍馬を考察してきた。しかし戦争に貢献した他の動物たちも忘れてはならない。現在も靖国神社に慰霊碑がある、軍用鳩と軍用犬が代表的な存在だ。

鳩は伝書鳩として使用され、現在もレース鳩（鳩レースを競翔という）の活躍にその名残を残している。ちなみに岩手県水沢は全国的な鳩レースの放鳩地（ほうきゆうち）である。古くは在郷鳩という陸軍の軍用鳩飼育を委託されていた土地柄だった。「昔、陸軍の星のマークの足環をした鳩をこっそり見せられた」という古い鳩愛好家の証言も残っている。

伝書鳩には鳩舎（鳩小屋）を拠点とする基本的な通信のほか、夜間飛行できる夜鳩（やばと）、二つ

の鳩舎を往復する往復鳩があり、驚くべきはトラックに車載した自走式の鳩舎を拠点とする移動鳩である。帰る場所が大きく動いても必ず到着するというすばらしい能力を発揮している。

日本の軍鳩（伝書鳩、レース鳩含む）の元祖はフランス、ベルギーである。第一次世界大戦後にフランス軍クレルカン中尉の指導を受けて急速に発達した。また、盛岡の南部伯爵（南部家の子孫）が購入した鳩も南部系という、きわめて優秀な鳩を生んだことを付記しておきたい。

軍用犬はシェパードなどが警備や連絡・弾薬輸送など、最前線で弾丸の飛び交う中で活躍した。陸軍公認の軍犬はシェパード、ドーベルマンピンチェル、エアデルテリアの三種で、他にコリーや日本犬が補助的に使用された。戦争による餌不足や使用される犬種の限定によって、各地の純日本犬の血統と飼育は大変な危機に陥った。

以上見てきたように軍鳩、軍犬の活躍は当時の国定教科書や少年雑誌でも紹介されており、多くの資料が残されている。

実はこの他にも戦争で人間とともに戦った動物がいた。陸軍で使用された動物として陸軍士官学校編『馬学教程』（昭和一六年版）によると、驢（驢馬）、騾（騾馬）、牛及水牛、駱駝、馴鹿、象が挙げられている。

上：右から軍馬功章甲・乙・丙、中：右から軍犬功章甲・乙・丙、下：左から軍鳩功章甲・乙・丙

まず驢馬（ろば）はナポレオンが馬ではなくロバに乗ってアルプス越えを行なったと言われるほど、西洋では馬に次いで重要な役割を持っていた。基本的に荷物を背負う駄載であり、第一次世界大戦では山地や塹壕周辺で活躍した。日本軍も満蒙（満州と内蒙古。共に当時の日本の

勢力圏）に約五七万頭、他に中国北部などで多数飼育されていたものを使用した。騾馬とは牝の馬に牡のロバを掛け合わせた動物。こちらは駄載ではなく輓曳。荷車を引く目的に適していた。第一次世界大戦ではパレスチナ戦線で英軍が使用し、満蒙に約八一万頭の資源があったという。

日本軍で使用される軍用駱駝。中国モンゴル国境付近ではこのような風景も見られた

牛は国内に約一五三万頭が飼育されていた。四五〇～六〇〇キロもの荷物を引けた。駄載では一五〇～二〇〇キロを負担できた。ただ速度が遅く、食事の際に反芻させないと死んでしまうので実戦ではあまり活用されなかった。大戦末期のインパール作戦ではジンギスカン作戦と称し、輸送力と食料を兼ねる水牛が多数使用され、食料になる前に悲惨な最期を遂げている。

駱駝はコブの数で区分することは自明。シルクロードの交易を太古から担っていたので、蒙古の砂漠地帯で大いに活躍した。実戦での写真も多く残っている。

馴鹿は対ソ連戦でシベリア方面の戦場を想定していた。実戦での記録はまだ確認していない。

象は紀元前のカルタゴの将軍であり、ローマの宿敵であったハンニバル将軍がアルプス越えをした時にも大活躍をしている。大食漢だが、短時間なら一二〇〇キロもの荷を背負える。山間部でも四〇〇キロの駄載に耐える。輸送と建設作業に従事した。日本軍のタイ国境からのビルマ侵攻時に使われた。絵本や雑誌の口絵などにも紹介されている。

以上の動物が日本軍将兵と共に各地で戦った。馬、犬、鳩以外は有名ではない。慰霊もされていない現状である。今、ご存命の方でこれらの動物と一緒だった元兵士の方には貴重な証言を記録に残してほしいと願っている。

軍事・戦争史の中で軍馬を見つめる

筆者は勝山号を初めとした軍馬の探究とともに機甲部隊の歴史を探究してきた一人である。それだけに本書の主題については広い視野で見ていく必要性を感じてきた。すなわち勝山号だけの軌跡ではなく、軍馬全体を視野に収める必要がある。また日本と世界の軍事と戦争の歴史を踏まえなければ、勝山号も軍馬も理解できないと考えてきた。

明治一五〇年が経過した現在、古くて新しい以下の問いは今もその意義を失っていない。富国強兵によって強大な軍隊を実現した日本は、なぜ世界の列強から軍事面で立ち遅れたのか。それは軍馬という主題とどう関わるのか。

近代日本の馬政計画との関連では、日清・日露戦争が決定的に重要である。だが世界史で決定的な意味を持つのは第一次世界大戦によって戦争の性格が転換したことである。塹壕戦も総力戦体制もこの戦争で出現した大きな変化である。この前後の時期に、日本がどう対応したかに大きな問題が潜んでいるということを第二章、第三章を中心に考察してきた。

岩手県においては盛岡に騎兵第三旅団が設置されたのが一九〇九（明治四二）年。岩手県金ケ崎の軍馬補充部六原支部が最盛期を迎えたのは明治末から第一次世界大戦の時期である。これらの時期に、馬産県として存在感をもっていくだけの必然性がこの地にはあった。

古代以来の連綿とした蓄積があったのである。牧の設置、牝馬の監査、良畜の藩外移出禁止、種牡馬の貸与、原野の開放なども県内が長らく馬産県として躍動していく前提となっていたのである。いずれも明治維新のはるか以前からとり組まれていたのである。明治期以降においては海外馬の導入についてもきわめて積極的だった。

したがって、岩手県や青森県など全国の馬産県の立場からいえば、明治後期に開始される馬政計画の担い手になることはごく当然であり、馬と人間が一体となって郷土を支えていくことは、きわめて自然であったということを実感している。

それでも常に時代の変動はめざましい。騎兵や軍馬の重視という選択自身が、それこそ世界標準という概念を使えば、列強よりも一歩遅れていたことは自明であった。精強な軍馬を誇る郷土部隊が存在していた時期に世界の列強は、自動車と戦争の活用を開始していたのである。「軍馬の時代」の終わりを一歩も二歩も早く意識していたことになる。

馬も兵もともに戦い、食べ、寝て、斃れて行った。このような戦場の風景の再現はありえない

以上についても、第三章の中で言及したとおりである。さらに第一次世界大戦の戦後社会で問われていたことも実に示唆的であった。世界的に軍縮の気運が高まる中で、陸軍への批判は増大する兵員と軍馬に向けられた。自動車が注目されている時代に馬を平時から飼い続けていることへの疑問が提起され、第一次世界大戦での教訓から騎兵不要論まで持ち出された。この騎兵不要論に対して、予想もできない事件が勃発したのだった。

このように百年前までの過程を、再度概観することによって、当時の社会もまさに激動の只中にあったことを実感する。社会の背後には、幾重にも折り重なった歴史が存在していたのである。日頃はその存在意味を自覚していなくても、世界的な国内的な動きの中でそれが再発見されたり、再び忘却されたりしていくということの重さを改めて痛感する次第である。

陸軍の軍馬重視について、全否定できないという筆者の立場に対して、読者からはご批判を受けるかもしれない。ただ歴史の重さを自覚し、現在からの裁断ではなく、当時何をなしえたのかという冷静な検証を試みる中で、本書の執筆に至ったことだけを述べておきたい。その上で読者の皆様のご批判を甘受していきたいと思っている。

第一次大戦後までだけでも、実に多様な大問題が存在し、今も未解明の主題が存在して続けていることを痛感せざるをえない。まして宇垣軍縮から満州事変を経て、日中戦争の全面化という時期には軍隊・軍部に限っても、さらにめまぐるしい変化と激動の時代であった。一つの地域は基本的にその奔流に翻弄されていくことを余儀なくされていった。

宇垣軍縮については、岩手県で陸軍白川軍馬補充部六原支部（現・金ケ崎町六原）が廃止されて、削減された軍馬は民間に払い下げられたことを先に述べた。この地は現在、町の観光スポットでもあり、軍馬補充部時代を知るための資料館も存在している。筆者もしばしば訪問するのだが、もし宇垣軍縮で廃止されることがなければ、その後の約百年はどのように推移したのだろうかと想像してみることもある。

しかしながら、軍縮による前進面もまぎれもなく存在した。戦車隊・高射砲隊の設立、航空隊の拡充などが実行され、最低限の近代化が図られ、馬を扱っていた輜重兵の中から、初期の戦車導入や自動車学校設立に関わって日本陸軍の機械化を支える担い手が登場した。

筆者はそれをその時代における選択として高く評価する立場に立っている。肝心なことは、現時点での個人としての思想や感受性とは別にして、往時の社会と人間とが直面していた課題とその重さについて、資料に基づいて考察していくこと。それがまさに歴史に向きあうことでないかと思う。

こと軍馬や騎兵について、学ばれる際には近年の研究成果と同時に『日本騎兵史』上・下や『日本馬政史』のような古典的著作の精読をお薦めしたいと思っている。

満州事変以降の動向についても、軍事史的な領域に限っても多くの解明すべき主題が存在している。装備の近代化や騎兵部隊の有効性についても、光と影が存在している。とりわけ明治期の歩兵とは大違いの重装備になったことは、めざましい変化だったといえる。明治期においては小銃と食糧、若干の工具のみで十分だった。そのため、馬の数も一個連隊三〇〇〇名に対して二〇〇頭程度で足りたのである。

しかし、満州事変以後の歩兵の重装備の携行・運搬は、昭和の陸軍がなおも軍馬を求め続けていく大きな原因になった。国内の自動車産業も台頭していたが、その技術と生産水準からも輸送手段として自動車に頼れなかった。悪路の多い中国戦線は自動車が使いにくかった。

以上の論点を見ても、まさに一つの進歩が光と影をもたらし、その重圧ゆえに斬新な新戦術へと移行できないという歴史の重さを感じざるをえない。したがって、古色蒼然とした軍馬重視によって、精神力至上主義によって日本は敗北したのだという議論には、筆者は与し得ないのである。

軍の近代化こそ装備の重量を増加させ、長らく馬匹の能力に依拠しなければならなかった。それは何とも悩ましい条件だった。軍馬を前近代の象徴としてのみ捉えるべきではない。近代化へ脱皮していく道程での軍馬の貢献を歴史に刻みたいというのが筆者のスタンスである。

軍の見解や報道された美談は別にしても斃れた軍馬を棄てて行くのはしのびない。これが兵士の人情だった

明治以来の馬政三〇年計画によって、日本の馬は見違えるほど立派になった。一九三七年七月、支那事変（日中戦争）の開始時点でも、日本陸軍は多数の軍馬を買上げ、世界一の厳格かつ迅速な召集システムで多数の予備役兵を動員。次々と大陸へ送り込んだ。馬と兵隊が一緒になって、重い装備を担って道なき道を進むという戦争を推進したのだった。軍馬と重装備を組み合わせた日本軍は、ドイツ軍事顧問団が指導する中華民国軍を各地で撃破した。その

戦争指導には有効性も存在していたのである。

それゆえ軍馬が不可欠との議論はなおも続いた。日本精神を加味した内容や、自動車万能論への批判、大陸の地形では軍馬こそ役立つという角度からの議論である。

それにしてもアジア太平洋戦争の開始以降も南方戦線まで軍馬を輸送できるという判断はリアリティを欠いていた。制空権と制海権を完全に自軍が握っていない段階である。もはや輸送船上から起重機で馬を吊下げ、発動機艇に乗せ換えて海岸へというような悠長なことは不可能な戦況へと変化していたのである。

日本軍兵士は、戦争末期においては重装備を人力で担ぎ、密林を突破して戦うことを余儀なくされた。それがどれほど無謀であるかは山本七平氏の戦争体験、末期のフィリピン戦にて人力で野戦重砲を引きずったというエピソードを挙げるだけでも明らかだろう。

太平洋の戦場では軍馬の活躍する余地はほとんど存在していない。だが中国大陸はもとより、悪名高きインパール作戦には千頭の現地馬、四万頭の牛とともに三万頭の駄馬が参加している。その運命は悲惨きわまりなかった。

一九四五年三月の中国戦線で騎兵第四旅団が、アメリカ義勇航空軍の拠点となった老河口（ろうかこう）飛行場を襲撃、占領して、世界の軍馬の中で最後の大活躍をした。以後、日本の騎兵が真正面から戦争をした事例はないと思われる。

この七五年前までの軍馬や騎兵の存在について、それを今も振り返るべき主題であると見るかどうかは、一人ひとりの選択に関わっているだろう。

伊藤家の人びとのその後

勝山号が戦後どう語られてきたかについて、かつて注目されたことはない。

伊藤新三郎はこの馬の記録をまとめようという意欲を持っていたが、実現できなかった。勝山号の死の直後から書き記した「斃れるまで平和を絶叫した愛馬を憶う」（一九四七年六月一七日記録）を昭和五〇年代に印刷し、関係者に配布した。逝去前には「八十八年間を生きて語り遺しておきたいあれこれ」（一九七九年）という小冊子も残した。

増沢の伊藤家は、一九七五年に失火で焼失した。蔵に保管していた勝山号関連の多数の雑誌、絵本、書籍類および、軍からの賞状などは失われた。ただ書簡類と新聞記事の切り抜きの多く、甲功章、蹄鉄、馬具の一部は、曾祖父が訪問客に自慢しようと岩谷堂大通りの事務所に置いていたので、難を逃れることができた。

貢は戦後に市役所職員になり、市民課長を最後に退職した。趣味は刀剣類の収集である。満は学校教師になった。その友人らで獣医師になった人も多い。筆者も仕事の先々でその人たちも含めて実際に勝山号を見た、触ったという体験談を聞く機会があった。

マツは伊藤家に残った。私の母方の祖母である。婿の勝雄は玉里村の大農家の出身であるが、この祖父の存在感も大きい。騎兵部隊に所属していたから、軍隊内の馬と人間を熟知し

戦後しばらくして、東部第六十二部隊石丸貴少佐より伊藤新三郎に送られてきた現存する最後の勝山号の写真

ていた。

祖父の死後、騎兵隊時代のアルバムを見たが、祖父の部隊にも甲功章受章の軍馬がいたことに驚かされた。一緒に記念撮影をしていた。馬を扱った末端の騎兵軍曹として、表現しがたい思いを心の奥底に秘めていたに違いない。勝山号の基本文献の一つである『馬上集』は祖父の戦前からの愛読書だった。

私の母は伊藤家の三女として育った。新三郎の部屋にあった勝山号関係の文献にも目を通していた。戦後まで多くの資料が保管されていたことを知っている。祖父新三郎からは勝山号の自慢話を聞かされ、父勝雄が騎兵として馬賊や匪賊を相手にして満州で必死だったこと、南方での苦難についても聞かされたという。

さて伊藤家の焼失後、勝山号の墓所は工業団地造成のために市に買い上げられ、現在に至っている。二〇〇六年に地元紙「胆江日日新聞」での私の連載がきっかけとなって、地元増沢の人々の尽力により中山間事業との位置づけで墓所までのルートが整備され、東屋などが建てられた。我が家もしばしば草刈りに行っていた。

しかし二〇一五年、奥州市当局の伐採事業で、森林のほとんどは切り倒されてしまい、放置された状態で現在に至っている。したがって現時点では、勝山号の墓までたどりつくことはほぼ不可能になっている。

当事者としてのスタンス

伊藤新三郎の死後、次男の伊藤貢はマツ、満と協力し勝山号の思い出を『遠い嘶き』として世に送った。原稿は貢とマツが執筆した手記が基であり、戦時中の功績や曽祖父の動きなど戦時中を美化すると思われる個所は、教員であった満が編集の名の下に削除した。平成初期の世相を見れば、戦時下の事象について冷静に議論することが現時点よりもさらに困難だったと思われる。

その後、満は残された新三郎の基本資料を馬の専門団体に寄付する意を持ちながら江刺を離れている。ただ、戦後、幾人もの軍馬ファンや自称研究者、新聞記者らが伊藤家の資料を複写しており、その一部が手元にあるので、基本的な事項についての復元は可能である。

伊藤家の現在のスタンスとしては、祖父勝雄の姿勢が踏襲されている。戦争で名を挙げた軍馬を身内自らが評価してしまう怖さを自覚していた。馬たちの犠牲も忘れてはならないが、何と言っても多くの兵士の命が失われた事実を受けとめている。一方では新三郎の独特の人柄、開けっぴろげな宣伝や功名心の存在も否定しないのである。

それらを踏まえた上で、それでもなお自分たちの家族の一員であった勝山号への並々ならぬ思いを抱いてきた。これが直系一族の立場であると言えよう。

多くの方に、可能な限り静かに見守ってほしいとの思いを持っている。現在、伊藤家現当主からは外部からの勝山号に関する問い合わせや回答は一切私に任されている。

江刺での勝山号に関する動きを分かる範囲で記録しておこう。

江刺地方の文化人らは戦後長らく江刺文化懇話会を組織していたが、昭和の末頃に活動を終えている。この場でも勝山号が何度も取り上げられている。

これとは別に、阿部和司氏らを中心にして勝山号の墓を発掘し、骨格標本を作るという動きがあった。学術目的との主張だが、他の動物たちの墓所でもあり、伊藤家の反対で立ち消えとなった。市側では予算まで計上していたとも言われる。

一九九〇（平成二）年六月、ＩＢＣテレビが作成したドキュメンタリー「馬たちは帰ってこなかった」が放映され、貢や祖母がインタビューに答えている。この番組は、系列局の優秀ドキュメンタリーとしてニュース23の時間枠を使って全国放送された。在京の親戚たちは大変喜んでいたという。

二〇〇〇年六月四日、勝山号の五三回目の命日。私の投書がきっかけで、えさし郷土文化館において「第一回　ミニ研修会『勝山号を語る会』」が行なわれた。さまざまな立場の方々が、勝山号に関する想いを吐露する場面となった。勝山号に思い入れの深い朝倉薫館長は、その後、自力で勝山号の故郷への生還を主軸とした絵本を作り、同館で頒布した。

同時期、江刺青年会議所の有志たちが行なった江刺ルネッサンスの活動で勝山号にスポットが当たり、ウェブ世界では初期の発信となった。

小沢茂は伊藤家とは別に晩年まで勝山号の慰霊を続けていた。氏の証言は私を混乱させる内容も含んでいた。第三ランタン号の世話をした当事者としてあふれんばかりの思いを抱いていたからと思われる。『遠い嘶き』で小澤家の話が削除されたことを悔しがっていたことも事実である。それでも勝山号を調べている外戚の私を大変励ましてくれた。

軽米町における顕彰に寄せて

軽米町側では一九七五年頃、町長を顧問に「名馬勝山号を故郷に迎える会」が結成された。一九七九年一月に鶴飼氏の自宅裏山に祀っている駒形神社境内に、岩手県知事中村直（当時）の揮毫になる「名馬勝山号」記念碑を建立した。

また、一九九五年七月一九日、「名馬勝山号を故郷に迎える会」（会長・永井勝栄／文化財調査委員長）が、江刺から勝山号の遺骨を「分骨」し、軽米の記念碑前に「納骨」した。この会は平正一町長が顧問となり、軽米町の文化行政の長らが名を連ね、鶴飼氏一族が参与となっている。事務局員は鶴飼清四氏曽孫で鶴飼家現当主の靖紀氏（役場職員）であった。

この模様を伝えるデーリー東北（七月二一日付）によれば会長である永井勝栄氏が勝山号の分骨を求めて江刺の伊藤家と「長年交渉を続け、このほど三男の満さんが了承した」「鶴飼さん、永井会長らが江刺市に赴き、伊藤さんの案内で記念墓地に眠る勝山号の分骨を受けた。鶴飼さんは既に土に帰っていた頭の部分を軽米町へ抱いて帰った」とある。

これは伊藤家サイドから見れば承服できない内容である。

地元の骨格標本の話を含めて、勝山号の墓所を掘り起こすのは許されないというのが、一族の一致した見解であった。当時、中学生だった筆者もそれが当然だと考えていた。

すでに祖母マツは死去し、貢も養老施設に入院中であった。満に話が行って、軽米側の熱意に負けたというのが実情だろう。

この報道後に、筆者の母を含めて親戚筋が満を問いただした。分骨なんてとんでもない。満も皆が危惧していることとの正当性を認めた。そもそも骨のある地点まで掘れるはずがない。近くの表土を持って行ったのだろうという。この前後には勝山号の墓を訪れている親戚も多く、土を掘り返した跡などないことを確認している。

埋葬時には、粘土質の土壌深くに埋葬している。さらに一九七五年の火災からの歳月で、この一九九五年の時点では周囲には草木が生い茂っており、スコップを入れて三〇センチなど掘り起こせない状況だった。筆者もこの件の前後には現場に行って確認している。

何より、墓所を保存するという前提で、当時の及川勉江刺市長と伊藤家での話し合い後に工業団地の敷地として市有地になった。その現場を市の許可なく掘り起こしたのであれば、江刺市にとってもきわめて問題なのである。

戦時中、軽米町銃後奉公会で発行した名馬勝山号絵葉書。数多くの仔馬が、農耕馬、軍馬として売られていった馬産地軽米町では、戦後も戦中同様に勝山号の顕彰活動が続けられた

デーリー東北の記事中「既に土に帰っていた頭の部分」という言い回しが軽米町側の記事の苦しさを示している。土になっているのになぜ頭部の骨と判断できるのか。鑑定はしたのだろうか。伊藤満がそのあたりに埋めたと話したことを都合良

く解釈したのではないか。満自身も分骨については完全否定していた。

つい数年前にも、県内の馬事団体から勝山号の骨があるなら掘りたいとの申し出が、えさし郷土文化館経由で筆者に持ち込まれたが、以上の経過を説明してお断わりした経緯がある。

なお、軽米町では一九九七年六月四日には勝山号没五〇年慰霊祭が行なわれた。

これにあわせて私たちも軽米町の郷土資料館での勝山号の展示を見学に訪れたことがあった。館長は江刺ゆかりの方で、伊藤新三郎の子孫である筆者たちを親切に案内してくれた記憶がある。

軽米町の関係者の情熱は理解している。ただ勝山号を顕彰する姿勢については、ナポレオンの乗馬の子孫とみなすなど近年においても違和感を禁じ得ない点がある。

こうした影響からか、この馬について「愛馬進軍歌のモデル」「東宝映画『馬』は勝山号がモデル」等々、今やインターネットの世界でも有名な話題と無理やりに結びつける主張が出始めている。これは危ういことを地元自治体として自覚しないと大きな災難をもたらすことになる。

根拠のない説を県地域振興局の広報紙が掲載すれば、歴史の捏造に手を貸すことにもなりかねない。地域文化の継承とは相容れなくなってしまう。それを自治体職員や学芸員の方に自覚していただきたいものである。

これは軽米町だけの問題ではない。「めんこい仔馬（映画『馬』の主題歌）のモデルは勝山号だ」とにわかに主張し始めたサトウハチロー記念館の動きも唐突だった。

有名な事象に関連づけて歴史を発見し創造する。それはきわめて危ういことだ。大衆を扇動する最も効果的な方法だからである。

戦時中の軍部の宣伝は、勝山号に限定するならば、基本的には事実に基づいているが、美談として強調するために一部脚色したという事例が多い。それとの比較で言えば、戦後に勝山号の話題に飛びついて来る人々の中に、史実は二の次というタイプの人が増えてきている。

もちろん地域おこしは重要である。住民の関心を引き出す努力が求められている。ただ夢や思いだけで歴史を描いてしまうと、取り返しがつかない。以上関係者には敢えて苦言を呈させていただいたが、その努力と意欲を否定する意図はない。今後とも助言と協力を惜しむつもりはないことを付言しておきたい。

これは自治体関係者だけでなく、ジャーナリストや文筆家にも問われているだろう。もちろんそれぞれの仕事や専門を通じて勝山号に関心を持つ意欲を否定することはできない。各人の創造性も尊重しなければならない。ただ一人ひとりの表現者の視点は問われていく。

たとえば児童文学として勝山号を執筆する。ノンフィクションと称しながら事実を歪める。おびただしい誤記のみならず当事者には無断で登場人物を捏造。『遠い嘶き』に全面的に依拠した一冊を「自著」として上梓してしまう児童文学者がいれば、驚愕せざるをえない。

以上の話題は、ある意味で戦後社会の危うさを象徴していることに気づく。勝山号についての紹介や報道は、戦前の軍国美談だけに虚偽と問題性が含まれている訳ではない。戦後における報道と表現にも由々しき問題と危うさが存在している。

より普遍化すれば、戦前が悪で戦後が善という、白か黒かという歴史観では困るのである。どの時代においても事実は歪められる危険性を持っている。事実に基づかない軍国美談への疑問と同時に、事実に基づかない地域興しキャンペーンには同調できない。まして近現代史を主題にする著作家には事実に向きあうというモラルが求められている。


戦争の悲劇を胸に刻み、平和を願うことは誰しも同じである。筆者もその思いから「平和ミュージアム　旧日本陸海軍博物館」の運営に関わっている。何よりも事実に基づいて、戦争の歴史を直視していくことを訴えてきた。平和を求める人たちこそ、戦争の時代を虚心に見つめていく努力を続けてほしいと願っている。

二〇〇七年に地元紙に連載を行なったことに続いて、今回、勝山号についての一冊を著したのは、勝山号と軍馬について多くの読者に伝えたいという思いがあってのことである。だがそれと同時に、この主題に関わって憂うべき現状があることについての強い危機感も含まれていたからである。

あとがき

勝山号の飼い主だった伊藤新三郎は母方の曽祖父である。私が生まれる前年に逝去している。

社会人になって、地元で農業関係の仕事をしていると、時折、曽祖父新三郎の名前が名刺代わりになることもあった。

子どもの頃、母の実家では勝山号が話題の中心になることを実感していた。『遠い嘶き』が出る前に、祖母マツと伊藤貢を訪ねた事がある。貢邸には立派な槍や刀剣が並んでいた。一本欲しいといったら、大人になったらあげる、と言われて喜んだものだ。そんな、「みつぐおんちゃん」が残してくれた最大の遺産が、勝山号の記録であった。

一方、祖父勝雄は静かで紳士的な人で、母の話で聞く若いころの姿とは別人のようだった。私の前では決して戦争の話をしなかった。

祖父が騎兵軍曹として満州事変、支那事変に従軍し、軍属として機甲軍本部付通信隊に勤務したこと。最終的に南方のセレベス島でオランダ軍の捕虜となったことは、母が断片的に聞きとった話を軍歴調書によって確認できた。「軍馬一匹のためにどれだけ兵隊が苦労したと思うんだ?」と母は聞かされてきたのだった。

ランタン時代にお世話になった親戚の遠藤政治、伊作屋高橋儀左衛門、勝山号を戦後に預かっていただいた菊池栄幸の諸氏も、子孫は中学の同級生である。なんでおじいちゃんのことにくわしいのかとよく不思議がられたものだった。他にもご縁のある話は枚挙にいとまがない。

このように、勝山号とそれを取り巻く人々は私の人生にとっても非常に身近な存在であった。

しかし、こんな私も軍馬そのものはニュースフィルムや画報雑誌で見るのみである。馬そのものに関わりあう機会は今では稀である。馬産地岩手でも全国と共通した現象がある。長い歳月が流れたことを感じる。調査の中でも、時間という壁に突き当たることが多かった。ただそうでありながらも、いつの時代にも、人間と動物の心が通いあう場面があることを実感する。勝山号を含めて、多くの軍馬たちは戦争の記憶とともに語られるだけではなく、全国の農村に根を張っていた馬事文化の主人公として郷愁もこめてみつめていきたいものである。

本書を執筆する過程で多くの方々のお世話になった。

母の実家、伊藤家の叔父叔母たちは書籍化を望んでいる訳ではなかったのに、無理を言って校閲や資料提供までしていただいた。本書が一族の勝山号に対する思いの一端を伝えるものになっていれば幸いである。

地元、胆江日日新聞社の皆様には連載時から温かい励ましを頂戴して、本書の刊行についても応援していただいた。感謝に堪えない。その他、えさしルネッサンス、えさし郷土文化館の皆様、故及川征一先生には大変お世話になった。心から御礼を申し上げる。取材や講演などでご協力をいただき、お世話になった地元の方にも謝意を伝えたい。

戦後親族が描いた伊藤新三郎と勝山号

出版界全体が厳しさに直面している中で、潮書房光人新社の小野塚康弘氏が本書の刊行を決断して編集実務を担当してくださった。衷心からの感謝を捧げたい。また作家・中野慶氏は助力を惜しまなかった。勝山号も登場する小説『軍馬と楕円球』を昨年上梓した中野氏は、本名大塚茂樹。長らく岩波書店の編集者を務めたキャリアを持つ。本書の執筆を強く要請して励ましてくれた氏の情熱にも後押しされて、刊行を実現できたことに感謝したい。

〝聖戦第一の殊勲馬〟と謳われた勝山号、通称はランタン、正式には第三ランタン号は、伊藤家に暮らした犬・猫・綿羊たちとともに、今も草生す山腹の一角にひっそりと眠っている。

二〇二〇（令和二）年七月

小玉克幸

参考資料①

斃れるまで平和を絶叫した愛馬を憶う

この愛馬は

本　名　第三ランタンタン号

　　軍役名　　勝　山　号

昭和八年五月七日岩手県九戸郡軽米町鵜飼清四方（ママ）に牡、栗毛、鼻白　右後一本白（父フランス産　ランタンタン号、アングロノルマン系）の優雅な体形で生まれる。第三ランタンタン号と命名され、翌年の競り市にかけられる日を待つことになっていた。

昭和九年十月（２才）市場を経て、私が買い受けたので一応飼育の地が県内江刺郡岩谷堂町字増沢と定まったのであった。

そして自宅の外、愛宕村の兄小沢新太郎、弟小沢新四郎の三農家の農耕や荷運搬などに年々抜群の能力を発揮し、周辺から珍らしい駿馬だとの好評を一身に集めるようになっていった。

昭和十年（3才）定期去勢時には種牡馬候補として去勢猶予されたが、翌年乗馬形に変わったので去勢され騸馬となった。

昭和十二年九月（5才）日支事変で人、馬、犬、鳩など総動員下に愛宕村軍馬徴発場で、乗馬甲として徴発され、第六十二部隊（第一師団）に入った。

その時、名称を勝山号と改められた。間もなく中支方面軍に所属して日本を離れた。

戦地では藤田少佐、加納大佐、飯塚大佐、布施大佐の各部隊長の乗馬として転戦中致命的重傷一回、他数回の重軽傷を負った。四部隊長は、惜しくも次、次に戦死された。

昭和十四年十月（7才）現地で第1号の殊勲の賞状と甲功賞を受けたので、広く内外に日本一の名馬という名声が急速に拡がったのであった。

昭和十五年一月（8才）大東亜戦争への切り替えで下川部隊長の乗馬として、東京へ異例の帰還をした。

この時郷里からは、生産者側、育成者側、県側などの団体、個人などの交互の慰問が繁く行われ、また軍側でもこれに呼応した歓迎振りを示されたのであった。

このことは新聞、雑誌、映画などに大きく取り上げられ、戦地、内地を問わず大幅に宣伝されたのであった。本や数十部の新聞綴などは保管中である。

その頃一方では上野動物園、明治神宮、水沢駒形神社などの神馬としての誘致運動が強力に展開された。

昭和二十年八月（13才）大東亜戦争は敗戦の憂き目に遭い、アメリカ進駐軍の上陸作戦下に未曾有の食糧難の中屠殺処分に附される寸前にあった。

ところが、元我が軍部の篤志者間による、旧飼育者に返すよう極秘裡の救援措置があって、元調教師、神奈川県溝の口の小池久雄氏方に辛うじて難を免れることが出来た。

昭和二十年九月十五日突然、小池氏から勝山号受け取られ度しの夢のような朗報に接し、町長の証明書を得て、十月十日、次男伊藤貢が小池氏宅に出向いて感激の引き受けを済ませ、大混乱の貨物列車のポロ貨車を利用し、数々の苦難をなめながら十月十七日夜、奇蹟的に自家へ帰り感慨無量の自分の厩舎に生還した。

貨車賃は、全部自弁であった。

思えば日清、日露、日支事変、大東亜戦争を通して、海を渡って出征した幾百萬の軍馬の中で、郷里の自宅へ生還した軍馬は、この勝山号、唯一頭という新記録を樹てたのである。まして戦地で自分の働きによって得た最高級の勲章を土産品として生還したことも実に前代未聞の新記録なのであった。

昭和二十二年（15才）六月四日午前七時、家人等の手厚い看護や、元八甲部隊将官獣医

高橋邦磨他二獣医の治療も空しく悲哀にも遂に息絶えた。

体内には盲貫散弾が多数あったので、これが大きい死因であった。

斃れるまで何がために殺し合いの生地獄に行かねばならなかったのか……戦争を極度に怨恨するかのような、まなざしが私共は、もの言えぬ愛馬の訴えを見るのであった。

屍体はこの根性と、永久に消えないこの名誉とを讃えて、警察署長の特別なる許可を得て、自宅裏の丘地に埋葬してある。

法要は冥福を祈る使者となって人間の霊と同様に営んでいる。

昭和二十二年六月十七日記録

飼育者　伊　藤　新三郎

※昭和五十年頃、江刺プリントの先々代社長の手を煩わせて、一定数印刷頒布したもの。

参考資料②

㊙　勝山號功績調書

軍　馬　功　績　調　書

昭和15年1月21日調　下川部隊

1．功績調事項

昭和11年9月11日動員完了スルト共ニ高級副官藤田大尉乗馬トシテ蘊藻浜クリーク右岸地区戦斗ニ参加セシモ渡河戦ニ移ルニ及ビ加納聯隊長乗馬宮鈴號戦死シ代テ聯隊長乗馬トシテ現在ニ及ビ加納、飯塚、布施、下川四代ノ聯隊長ニ歴任ス。今日ニ至ルマデ各戦斗ニ参加セザルナク特ニ其ノ間重傷ヲ蒙ルコト三回ニ及ビ一時廢馬タラントセシコトアリシモ将兵ノ愛情置カス心力ヲ賭シテ加療セシ結果又快復下川部隊長ノ乗馬トシテ服役シアリ

1．受傷状況左ノ如シ

昭和12年11月18日飯塚支隊ハ蘇洲河ヲ渡河シ敵ヲ追撃スルニ當テ第9師團長ノ指揮下ニ入リテ蘇洲河ヲ渡河シ其ノ最左翼ニ在リテ師團主力ノ右側ヲ掩護シツツ敵ヲ追撃ノ任ニ當レリ。常時右第一線ノ11師團方面ヨリスル敵ノ銃砲彈側斜射烈シク後方部隊ノ如キハ特ニ敵火ニ暴露シ多大ノ損害ヲ蒙ルニ至ル。勝山號ハ蘇洲渡河直前敵迫撃砲彈片創ヲ頚部ニ蒙ル此カ為メ戰死セントセシモ橋本獣醫部長ノ加療ヲ受ケ漸ク快復セリ。

昭和13年5月1日江蘇省溝安墩（徐州會戰）ノ戦斗ニ於テ常時佐藤支隊ハ敵ノ重囲ヲ受ケ後方部隊ト雖一兵モ余ス處ナク敵ト交戰シ佐藤支隊長モ亦一時危機ニ頻スレトモ遂ニ敵ヲ撃退セリ。此ノ際勝山號モ敵ノ重囲下ニ在リ右側腰骨下部ヨリ左側ノ同部位ニ小銃弾貫通創ヲ受ケタルモ部隊ニテ施療ノ結果引續キ聯隊長ノ乗馬トシテ服役セリ。右彈痕ニ異毛ヲ生ゼリ。

1．昭和13年8月31日聯隊主力ハ右第一線トシテ最モ険峻ナル廬山々腹ニ向ヒ敵ヲ攻略セリ。当時敵ハ廬山々項並ニ前方ヨリ射撃猛烈ニシテ損害續出後方部隊ノ如キモ遮蔽スルニ地物ナク敵ニ暴露セサルヲ得サルニ至リ遂ニ廬山秀峯寺前ニ到ルヤ勝山號ハ左眼孟ニ機関銃彈創ヲ受ケ爾後病馬収容所ニ入所快復スルニ及ビ同年11月15日原隊ニ歸隊セリ。9月3日飯塚部隊長戰死シ布施部隊長ノ着任セルヲ以テ爾後部隊長ノ乗馬トシテ服役現在下川部隊長ノ乗

功績等級及序列	名称	生年月日	性	毛色	用役	血統	産地	特徴
1 473	勝山號 内アノ	昭和 8年	騸	栗	乗	不明	軽米町	流星 右后一白

馬トシテ服役シアリ右勝山號ハ第三回受創ノ為頸部神経ヲ傷シタルモ昭和14年2月修水河以北ノ守備中、再發重態トナリ快復後モ直行スルコトヲ得ス。聯隊長乗馬ヲ免セントセシモ聯隊長以下歴代奉仕セシ名誉アル勝山號ヲ捨ツルニ忍ヒス、将兵心力ヲ盡クシテ之ガ加療ニ任シ漸ク同年8月以来全快スルニ至レルハ将兵赤誠ノ然ラシムル所ナリ。

1. 現在ノ状況

現在勝山號ハ栄養良好ニシテ将兵ノ愛護ヲ受ケツツ聯隊長ノ乗馬トシテ服役シアリ。其ノ損害箇所ニハ異毛ヲ生シ或ハ彈痕ヲ残シ當時ノ戰功ヲ証明スルカ如シ。其ノ武功ハ抜群ニシテ殊勳甲ニ該當スルモノト認ム。

「(寫) 第107號

賞　状

勝山號

種　類　内アノ

性　騸

生年月日　昭和8年

本図ハ受傷ノ際ニ通ヲ調製シ一部ハ入廠時病馬ト共ニ送附シ他ノ一部ハ転帰后馬匹名簿ニ綴リ永ク其功績ヲ伝エルモノトス

戦傷部位要図

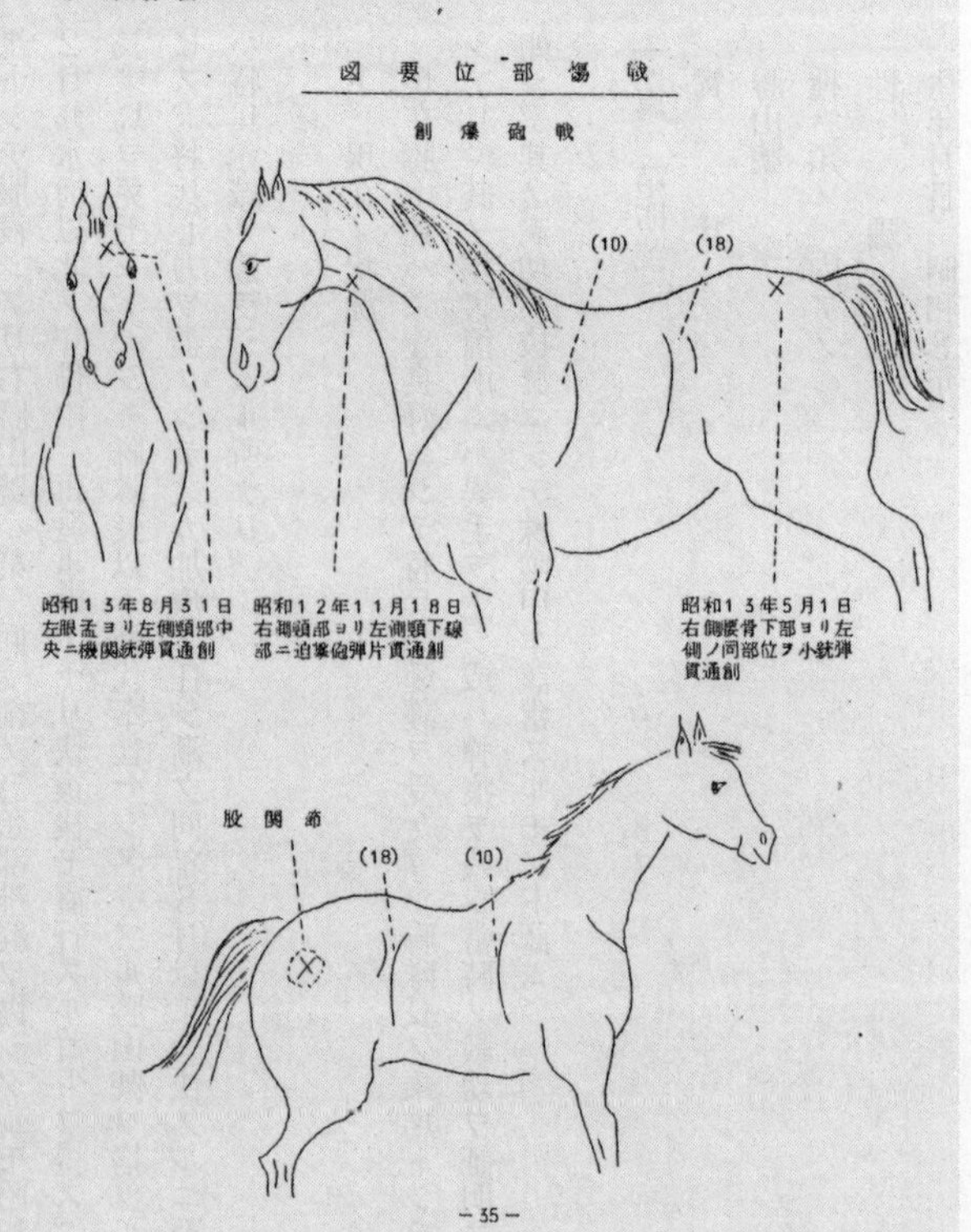

特　徴　流星右后一白
血　統　不詳
産　地　岩手縣
右支那事変ニ於ケル功績抜群ナルニ付功章ヲ授與シ茲ニ之ヲ表彰ス
昭和14年10月1日
陸軍大臣　畑　俊六　印」
本図ハ受傷ノ際2通ヲ調製シ1部ハ入廠時病馬ト共ニ送附シ他ノ1部ハ轉歸后馬匹名簿ニ綴リ永ク其功績ヲ傳フルモノトス
・昭和13年5月1日
右側腰骨下部ヨリ左側ノ同部位ヲ小銃弾貫通創
・昭和12年11月18日
右側頚部ヨリ左側頚下線部ニ迫撃砲彈片貫通創
・昭和13年8月31日左眼孟ヨリ
左側頚部中央ニ機関銃彈貫通創股関節
勝山読救護状況

1．款康ニ任シタルモノノ官姓名

獣医部員　陸軍獣医中尉　中田　昌雄

同　陸軍獣医務軍曹　秋山袈裟郎

馬取扱兵　陸軍歩兵上等兵　石渡仙之助

同　同　丹澤　万古

1．救護大要

中田獣醫中尉ハ昭和12年11月18日勝山號戰傷ノ報ヲ馬取扱兵丹澤上等兵ヨリ受クルヤ連日ノ戰斗ノ為メ砲彈ハ雨飛ノ如ク物烈シク遮蔽物ノ戸板ヲ破リ或ハ綿畑中ニ續来シ行動モ自由ナラサル状況ナリシモ自己ノ任務ヲ遂行ノタメ2粁ノ地点迄至リ勝山號ヲ見ルニ出血甚シク衰弱シ居リタル故助手秋山獣医務軍曹ヲシテ應急處置ニ注射ノ準備ヲナサシメ二時間半ヲ要シ手術ヲ完了シ爾後引續キ施療一ケ月半后ニ快復シ聯隊長乗馬トナリ時期作戦ニ移レリ。昭和13年5月1日江蘇州溝安墩（徐州會戰）ノ戰斗ニテ敵ノ重囲ヲ受ケ聯隊長ノ背ニ〔乗〕セルママ右側腰骨下部ヨリ左側同部位ニ小銃彈貫通創ヲ受ケタリ。

中田獣医中尉ハ應急ナル処置ヲナシ部隊ノ東台攻略后病馬救護所ヲ開設施療25日ニテ快復セリ。昭和13年8月31日盧山戰ニテ左眼盂ニ機関銃彈創ヲ受ケ隊行困難ト認メ病馬収容所ニ入所セシメタリ。丹澤上等兵ハ此ノ間全力ヲ盡シテ勝山號ノ保育ニ任シタリ、11月15日原隊帰隊セリ9月3日飯塚部隊長戰死シ布施部隊長着任セルヲ以テ爾後同部隊長ノ乗馬トシテ服役布施部隊長輯任スルヤ下川部隊長乗馬トナリ現在ニ及フ。

1．馬取扱兵服務期間左ノ如シ

昭和12年9月18日ヨリ同13年1月15日迄丹澤上等兵服務シ16日ヨリ石渡上等兵代リ獣医室ニ保管保育ニ任セリ第三回受創ノタメ頭部神経ヲ傷シタル（タ）メ一度快復セシモ豫後ノ経過不良ニシテ栄養悪シク一時廢馬タラントセシモ施療富ヲ得ルカ今日ノ如ク壮馬トシテ服役シアルハ実ニ赤誠ノ然タシメタルモノナラスヤ。

1．馬取扱兵石渡上等兵ノ希望

一ケ年以上獣医部員ノ指示ニ従ヒ全力ヲ盡シテ看護セシ名馬勝山號ト離別スルニ忍ヒス今後功労馬トシテ保管ヲサレル場合「引續キ看護ト保育ニ」採用サレン事ヲ本人ハ極力希望シアリ。

以上

昭12・9・25　蘊藻浜クリーク右岸地区戰斗参加
10・5　蘊藻浜クリーク渡河戰参加
10・12　蘊藻浜クリーク右岸地区戰斗並蘇州河ニ向追撃戰
11・12　太倉附近至ル追撃戰
12・10　マレイン点眼並破傷風予防注射施行
11・20　上海附近ノ警備
13・1・5　第二次浦東ノ掃蕩並ニ上海附近ノ警備
2・10　マレイン点眼施行
2・18　東台作戦並ニ上海附近ノ警備
4・21　徐州曾戰
5・20　破傷風予防注射施行
6・1　阜寧通州附近ノ警備
6・19　東台通州附近ノ警備
8・14　ゾ式炭疽予防注射施行
8・12　皇子西脈函附近ノ攻累戰及通州附近ノ警備
9・13　隘口街及青石橋附近攻略戰
10・18　ゾ式炭疽及予防注射施行

10・19　徳安攻略戦及修水河ニ向フ追撃戦
11・3　修水河以北ノ守備参加
14・2・1　修水河渡河戦及南昌攻略戦参加
2・15　破傷風予防注射施行
4・6　瑞撫攻略並府陳戦参加
5・7　鼻疽検疫実施
6・1　ゾ式炭疽及破傷風予防注射施行
8・30　贛湘會戦
10・27　ゾ式炭疽及破傷風予防注射施行
10・21　瑞撫攻略並対陳戦参加
11・26　上海ニ向フ轉進輸送並復員業務
10・15　鼻疽検疫実施
12・20　於九江乗船地検疫了
15・1・8　於上海乗船地検疫了
1・16　於似島船内検疫了
1・20　芝浦ヨリ上陸地検疫了
1・26　歩兵第一聯隊留守隊ニ移管ス

参考文献

勝山号関連

伊藤新三郎述『斃れるまで平和を絶叫した愛馬を憶う』一九四七年六月記録＊伊藤貢『遠い嘶き―軍馬勝山号回想記』一九九二年＊伊藤貢・伊藤マツ未定稿『駒よ嘶け　軍馬勝山号回想記』（『遠い嘶き』草稿）＊荻田耕造編『ふるさとの想い出　写真集（明治大正昭和）江刺』国書刊行会　一九八三年＊竹澤哲男『もの言わぬ戦友』自費出版　二〇〇一年＊小池政雄『聖戦第一の殊勲馬　勝山号』鶴書房　一九四一年＊水谷温『馬上集』偕成社　一九四一年＊工藤朝野輔『駒は嘶く』新興亜社　一九四三年＊伊澤信一『愛馬必携　馬の知識』牧書房　一九四三年＊小津茂郎『愛馬読本』大日本雄弁会講談社　一九四二年＊雑誌『刀と剣道第二巻一三号　馬道の研究』一九四二年

軍馬全般

明治百年史叢書『日本騎兵史　上・下』原書房　一九七〇年＊騎兵第三旅団史編纂委員会『騎兵第三旅団の栄光と終末』同旅団史刊行会　一九八〇年月＊桜井忠温監修『国防大事典（普及版）』中外産業調査会・国防思想普及会　一九三五年＊桜井忠温『子供のための戦争の話』一元社　一九三三年＊走尾一三陸軍獣医中佐『放馬録　科学随筆』富山房　一九四四年＊上澤謙二『将兵を泣かせた軍馬・犬・鳩武勲物語』実業之日本社　一九三八年＊伊澤信一『馬』牧書房　一九四二年＊後藤斯馬太『功労軍馬は嘶く』健文社　一九四三年＊陸普第三三一四号『馬事提要』一九一五年＊陸軍士官学校刊『軍制学教程　昭和一六年版』『馬学教程　昭和一二年年版』『同　昭和一五年版』『同一七年版』『兵器学教程　昭和一七年版』＊昭和一七年一二月陸軍省許可済『軍陣獣医学提要』陸軍獣医学校　一九四四年＊帝国軍事教育社編『最新図解陸軍模範兵教典　全』帝国軍事教育社　一九四二年＊軍人会館出版部『軍事年鑑　昭和一二年版』『同　一五年版』『同　一七年版』＊久合田勉著『馬学　種類編』（昭和七年初版～一八年改訂版まで）＊大瀧真俊『軍馬と農民』京都大学学術出版会　二〇一三年＊土井全二郎『軍馬の戦争』潮書房光人新社　二〇一八年

その他

増沢青年会発行『増沢部落誌』渡辺洋品店謄写印刷研究部　一九三二年＊岩手県総務部調査課『岩手県勢要覧』岩手県　昭和二二年版＊田中喜多美著『岩手の農業の歴史』岩手農業普及会　一九四九年＊大泉雄彦『川崎市宮前区を中心とした戦争遺跡をたずねて』二〇一五年＊筒井清忠「大正期の軍縮と世論」『近代日本文化論10』岩波書店　一九九九年＊藤原彰『軍事史』東洋経済新報社

一九六一年
その他、戦時中の新聞記事、各種雑誌、年鑑、典範令等を参考とした

写真

『遠い嘶き』＊『軍馬の譜』写真版＊『聖戦第一の殊勲馬　勝山号』＊『馬上集』＊『心耳気眼』＊「増沢部落史」＊「支那事変画報」＊「歴史写真」＊「写真週報」＊「画報躍進の日本」＊「愛馬読本」＊「刀と剣道」＊朝日新聞＊新岩手日報＊伊藤家＊伊藤勝雄アルバム＊加納部隊所属、中野区出身の戦死兵士のアルバム＊伊東部隊写真帖＊布施部隊長子孫＊竹沢資料＊筆者

NF文庫書き下ろし作品

NF文庫

奇蹟の軍馬 勝山号

二〇二〇年十月十九日 第一刷発行
著 者 小玉克幸
発行者 皆川豪志
発行所 株式会社 潮書房光人新社
〒100-8077 東京都千代田区大手町一-七-二
電話/〇三-六二八一-九八九一(代)
印刷・製本 凸版印刷株式会社
定価はカバーに表示してあります
乱丁・落丁のものはお取りかえ致します。本文は中性紙を使用

ISBN978-4-7698-3186-0 C0195
http://www.kojinsha.co.jp

NF文庫

刊行のことば

第二次世界大戦の戦火が熄んで五〇年——その間、小社は夥しい数の戦争の記録を渉猟し、発掘し、常に公正なる立場を貫いて書誌とし、大方の絶讃を博して今日に及ぶが、その源は、散華された世代への熱き思い入れであり、同時に、その記録を誌して平和の礎とし、後世に伝えんとするにある。

小社の出版物は、戦記、伝記、文学、エッセイ、写真集、その他、すでに一、〇〇〇点を越え、加えて戦後五〇年になんなんとするを契機として、「光人社NF（ノンフィクション）文庫」を創刊して、読者諸賢の熱烈要望におこたえする次第である。人生のバイブルとして、心弱きときの活性の糧として、散華の世代からの感動の肉声に、あなたもぜひ、耳を傾けて下さい。